解析塾秘伝

実測との比較で学ぶ！
CAEの正しい使い方

機械工学の実験で検証するCAEの設定・評価テクニック

吉田 豊【著】
岡田 浩【編】
NPO法人CAE懇話会解析塾テキスト編集グループ【監修】

日刊工業新聞社

はじめに

　ものづくりに携わる技術者にとって何が一番大事かと常々考えていました。最後の計算尺世代である私は先輩達からは「設計なんてKKDや」と耳にタコができるほど言われたものです。「勘（K）と経験（K）と度胸（D）」というのですが、誰が言い出したのでしょうね。でもこれ、結構、「金的を射ている」言葉だと思っています。CAEに首まで漬かって四半世紀、自分で計算するより指導や講習の機会が増え、私自身がこの「KKD」を使っています。ただ私の場合は「論理に裏付けられた経験・勘と決断」と言い換えています。

　私がCAEに取り組み始めた頃は、自分で図面を引き、計算モデルを作り、手動でメッシュを作成し（対象モデルを計算領域毎に積み木を積み上げるように四角や三角などに区切り）、CAEソフトで計算を行い、製造に立ち会い、実験計画も作成し、現場監督の真似ごとまでしていました。CAEはどちらかといえば傾向を見るだけの、いわば片手間仕事でした。当初はビームモデル（筐体の枠などの計算の際に、立体モデルを作らず、断面積・断面2次モーメントをデータに持つ線分で作ったモデル）を、ハードウェアのスペックが向上し3DCADが使える近頃になるまでよく使用したものでした。それでも結果が予測できて十

分業務に役立ったのは、実機を使った実験に何度も立ち会い、時にはCAEの結果を確認するために実験途中で改造し、同じ実験をさせてもらえたからだと思っています。「もの」を知っていて初めてCAEができる。この持論はそのころから私に根付いて、今でも私の中ではこれは「真理」だと確信しています。

　CAEという言葉を改めて私なりに定義しておきます。Cは言わずと知れた「コンピュータ」です。Aは「うまく使いこなす」。Eは「ものづくり」です。すなわち「コンピュータをうまく使いこなしたものづくり」。これが私の中のCAEです。

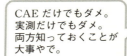

　NPO法人CAE懇話会発足当時（2000年）から関係者の末席に居り、解析塾の講義を片っ端から受講しました。有限要素法という名称は学生時代から知ってはいましたが、本格的に勉強しようとしたのはこのころからでした。解析塾の修了証明書は十数枚を数えましたが、果たして頭に入ったのかどうか。と言うよりも、解析塾で理論を習ううちに、私の中では「理論では実際問題は解けない」と結論付けてしまったようです。理論は知らないより知っていた方が良いに決まっています。しかし、実務担当者は理論展開よりCAEソフトの使い方とその評価能力に長けていることの方が重要であると現在も考えています。

　2003年のある日の幹事会。新しい企画の提案を求められました。CAE懇話会に初回から参加してきた私は、講義聴講型では「へえ、すごいな」で終わってしまうのがいささかもったいないように感じていました。どんなに成功例を聞いても、すごい概念を示されても、今、直面している問題に適用できるものではありませんでした。正直なところ、睡魔と戦って負けるのが関の山でした。そこで全員参加型の「実験とCAEの体験」の実施をそっと提案してみました。

はじめに

開催するにあたって、こだわり、強調したのは「全員参加」というところです。同じ実験を参加者一人ひとりに自ら行ってもらう。それをその場でCAEソフトを使って解く。それも自分で条件を考えて計算してもらう。最初のイメージはそんなものでした。でも「面白いんとちゃうか」ということになり、CAE懇話会では言い出しっぺが主管することになっておりましたので、以来、私が主担当で、関西で「実験とCAE」を開催してきました。

最初から現在のような形式にしようと思ったわけではありません。最初は企画だけ私が行い、実行は「誰かに丸投げ」というズルを狙っていましたが、行っていくうちに、自分のしたいことを他人に伝えるのは難しいと痛感しました。企業内での実験は極秘扱いが多く、外部には出せません。大学の先生方の実験は理論検証を目的としたものが多く、また、CAEソフトのベンダーさまでは実験自体を依頼できるものではありませんでした。その場で自ら簡単な実験をし、何度も見、何かを測定し、その場で解析し、自分の実験との乖離を実感してもらえば、参加者のCAEのレベルと結果の評価能力の向上に貢献できるのではないか。

何よりも私のレベルアップがしたい。ついでに、失礼ですが、関西の解析技術者のレベルアップにつなげたい。その思いから次のような形式になりました。

①私がしたい実験の材料道具を準備する。
②参加者自身に実験準備から参加してもらう。
③実験は必ず映像を残す。
④測定する。(ひずみ・温度など)
⑤自分の実験を自分で CAE ソフトを用いて解き、比較、評価してもらう。
　(同じ道具での実験なので互いに議論できたらもっとよい。)
⑥時には理論的な話しを聞く。

　そのためにはビデオカメラと CAE ソフトが不可欠でしたが、幸いにも、下記に示すような計測器メーカーや CAE ソフトベンダーさまから協力を得ることができました。
　(撮影と計測) 株式会社フォトロン
　(解析) ソリッドワークス・ジャパン株式会社
　映像とひずみゲージの出力が同時に取りこめることがわかってからフォトロンさんには撮影と計測を、ソリッドワークス・ジャパンさんには設計者 CAE で使用するソフトのインストールされたノートパソコンを CAE の操作を補助するインストラクターさま付きでお願いしました。
　その他の会社さまにも私の思いつく実験によっては測定装置や CAE ソフトをお貸し頂きました。ここでお礼申し上げます。
　実験の基本は「見る」ことです。写真ではダメで、必ず動きの中で見る、見る、何度も何度も、ゆっくり再生したり、高速で再生したり。そうすると現象全体が計測点も含めて頭に入ってきます。

　実験は常に 3 次元です。でも CAE はどうでしょう。CAE でもっとも重要な最初の手順は CAE 用のモデル作りです。実験のどこに注目するかでモデルは変わるものです。実験しながら、3 次元モデルが必要か、2 次元、1 次元で

はじめに

できないか、拘束条件、荷重条件、対称条件が使えないか、等を考えることがレベルアップに直結します。逆もあります。

　CAEを先に行って、どうしても実験したい時は、「この拘束はどんな設定が適切か」、「どうやって荷重をかけるか」など、過去の実験が心強い味方になってくれます。

　実験が必ずしもうまくいくとはかぎりません。ただCAEと違って、実験は常に事実です。事実は真摯に受け止めなくてはいけません。そのためのビデオ撮影です。なぜ期待通りの実験ができなかったかがわかれば、その実験は成功です。

　測定に関してはどうでしょうか。構造の実験、振動の実験で私がいつも使用するのはひずみゲージです。ひずみゲージを貼ったことのない技術者がずいぶんおられることは知っていました。なので参加者には必ず一人一枚自分でひずみゲージを貼ってもらうことにしています。この信号をデータロガーで受信するわけですが、残念ながら個人差があります。取れた数値が、主ひずみなのか、相当ひずみなのかの議論の前に、うまく信号が取れないことが多いのです。もしかしたら、ひずみゲージを固定するための接着剤を多く塗りすぎ、接着剤の特性を測定しているかもしれません。ただ、このようなことを自ら経験し、感覚を養い、数値の意味をよく考えてほしいと思っています。演習なので仕方がないのですが、実際の測定では名人級の人に依頼するのがよいでしょう。

　CAEに関してはどうでしょうか。測定は、ひずみゲージを貼った箇所の数値しか取れませんが、CAEでは全体の応力、ひずみなどが見えます。これが

最も有用な点です。応力分布にしろ、ひずみ分布にしろ、常に全体が表示されますから、拘束条件や荷重条件の間違いに気づきます。何かおかしいな、と思う能力が不可欠です。また、この「何かおかしい」原因に、条件設定の間違い以外にも、CAE ソフト自身のバグであったり、OS（私たちの場合は windows）のメモリ管理の不具合だったりしますので、CAE の利用環境の整備にも注意が必要です。

　いろいろな実験を体験しておくと、他人の実験が追体験できます。依頼された CAE でも背景や問題点が依頼者以上にわかると非常に有益な CAE 結果を得ることができます。CAE の結果はこうだが、実際の現象は、実験での誤設定だろうという指摘までできるようになります。経験に裏付けられた勘と推断というわけです。

　実験結果と CAE 結果の値を合わせることを強要する依頼者もいますが、それに固執するのは無意味だと私は思っています。私の講習の最初に「実験通り CAE できるか？　CAE 通り実験できるか？」なんてスローガンを揚げている場合もありますが、これはあくまでインパクトのためであって、違って当たり前なのです。ぴったり合ったなんていうのは、眉唾ものです。アナログとデジタルの世界が一致する訳がないのです。一致しなくても有効活用できるかどうかは、ひとえにみなさまの「頭（勘）」にかかっています。

　CAE を業務で活用するには、CAE 技術者、設計技術者、ものづくりや実測の名人がタッグを組む必要があると私は思っています。それぞれが経験に基づく勘と決断力を持って協力すれば、鬼に金棒です。

製造者　　設計者　　CAE

はじめに

　最近、CAE ソフトのベンダーさまの中には「実験と CAE」と称して私の道具を参考にした講習会を催されていますが、私の意図が理解されはじめたものと喜んでいます。ただし、CAE ソフトの結果図を盲信してはいけないと、ベンダーさま自身が言えるのかどうか、いささか危惧しています・・・。

　これまで種々な実験をしてきました。最初から CAE をする気のない興味本位だけの実験も多々ありました。なにも計測しない実験は、実に簡単で、どこでも、その辺に転がっているものでできます。スローで見て、「えっ。こんなことになっていたの？！」という発見だけでも充分楽しめました。今回はその中から、私の提案する「実験と CAE」に相応しい題材を選んで紹介することにします。

　分野で分けると、次の4項目になります。
- 構造
- 振動
- 流体
- 熱伝導

　自然現象は、CAE の設定ほど綺麗に分けられるものではなく、上記にあげた項目の現象が混ざって起こるものですが、なるだけ個別の現象になるような実験を心がけました。CAE は、実験に比較して実に簡単に個別現象としての扱いができますが、誰かが最後に「これでいいんや」と言いきる必要があります。その評価能力、決断力を身につけるのが「実験と CAE」の目的です。

　自分の体で覚えた実現象は、きっとみなさまの「勘」に寄与するものと思います。この本がその基本となれば幸いです。

2017 年 7 月 16 日
梅雨も明け、日差しを強く感じる初夏の書斎にて

吉田　豊

目　次

はじめに………………………………………………………………… i

第1部　本書で取り扱う機械工学実験
―CAEの概要と目的 ……………………………… 1

第2部　実測とCAEの比較・検証

第1章　梁のたわみと応力を見る ……………………………… 6
　　　　（材料力学編）
第2章　熱の移動を見る ………………………………………… 23
　　　　（熱伝導編）
第3章　空気の流れ（自然対流）を見る ……………………… 38
　　　　（流体力学編）
第4章　空気の流れ（強制対流）を見る ……………………… 55
　　　　（流体力学編）
第5章　水の流れ（強制対流）を見る ………………………… 72
　　　　（流体力学編）
第6章　手ぶりによる共振 ……………………………………… 87
　　　　（振動編）
第7章　鉄橋模型の大変形 ……………………………………… 99
　　　　（材料力学編）

目 次

第 8 章　手回しによる共振モードの変遷 …………………………………114
　　　　（振動編）
第 9 章　鉄橋模型の打振試験 ……………………………………………126
　　　　（振動編）
第 10 章　これまでの総括と、実測・CAE のワンポイントアドバイス……144

おわりに　　150
参考文献　　152
索　引　　　153

第1部

本書で取り扱う機械工学実験
―CAEの概要と目的

ここでは、どのような実験・実測を行い、CAEと比較するかについて説明します。

本書では、機械工学の中心である4力学、「材料力学」、「熱力学」、「流体力学」、「機械力学」において、原理モデルを用いた基礎的な実験を用いて、「さまざまな実測の体験とそれをCAEでどこまでトレースできるか？」「CAEや実測の活用方法は正しいか？」「基礎実験やCAEの結果を実設計にどのように活かすか？」について参考にしてもらおうと思います。
　具体的には、下記の9つの実験について、実測とCAEの比較・検証を行います。
　①梁のたわみと応力を見る。
　　（材料力学実験とCAE（構造解析）の比較・検証）
　②熱の分布を見る。
　　（伝熱工学実験とCAE（熱伝導解析）の比較・検証）
　③空気の流れ（自然対流）を見る。
　　（流体力学実験とCAE（流体解析）の比較・検証）
　④空気の流れ（強制対流）を見る。
　　（流体力学実験とCAE（流体解析）の比較・検証）
　⑤水の流れ（強制対流）を見る。
　　（流体力学実験とCAE（流体解析）の比較・検証）
　⑥振動挙動（手ぶりによる共振）を見る。
　　（機械力学実験とCAE（固有値解析）の比較・検証）
　⑦鉄橋模型の大変形を見る。
　　（材料力学実験とCAE（構造解析）の比較・検証）
　⑧振動挙動（手回しによる共振モード）を見る。
　　（機械力学実験とCAE（固有値解析）の比較・検証）
　⑨鉄橋模型の打振試験を見る。
　　（機械力学実験とCAE（周波数応答解析）の比較・検証）

第1部　本書で取り扱う機械工学実験—CAEの概要と目的

　そして、それぞれの実験に対して、下記の項目を実施します。

(1)　実験の目的
　　　実験の目的と、実験により得られるモノとCAEを用いて解いた結果をどのように比較・検証するかを述べます。

(2)　実験に必要な機材・設備とセッティング方法を紹介します。

(3)　実験開始から終了までのプロセスを、ビデオ撮影した画像を交えて説明します。

(4)　実験内容のCAEでのトレースを行います。
　　　(3)で行った実験をCAEで再現するために、どのような設定をして解析を行ったかを述べます。

(5)　考察
　　　実験とCAEを用いて解いた結果の比較の中で、以下の内容を主に考察します。
　　　・なにをもって一致したと判断したのか？
　　　・一致しなかった場合でも何か得るものはあったのか？

市場からは、従来の高性能化、小型・薄型化、高品質、短納期に加え、耐環境性や安全性、新興国市場をにらんだ低価格化などが求められており、Q（品質）、C（コスト）、D（納期：今回の場合は開発期間短縮）に加え、E（耐環境性）、S（安全性）の観点で要求はさらに厳しくなっています。

　前ページのことを経験することで、「実験による本物の現象の理解」や「CAEと実験の相関をとるための工夫」などができるようになると確信しています。実験とCAEから得られる情報を組み合わせて設計へ活用すれば、真の意味での「安全・最適化設計」「自動設計」が可能になってくるものと思います。

　それではさっそく次部で、CAE懇話会で実施した9つの実験・CAEについて紹介し、必要な知識、手作りノウハウ（？）を習得して行きましょう。それがきっと貴方の「経験」を豊富にし「勘」を研ぎ澄ましてくれることでしょう。

第2部

実測とCAEの比較・検証

それでは、実験・実測を体感して、それをCAEでトレースしてみましょう。

第1章　梁のたわみと変形形状を見る。（材料力学編）

2.1.1　実験の目的

　本章では、材料力学の曲げの基本である図 2.1.1 に示す木製の梁を用いて、まず自分の指で荷重点を押し、理論における断面二次モーメントを体感してもらいます。次にばね秤を用いて負荷を掛け、荷重点における荷重値と変位を測定、CAE（構造解析）から得られる変位・ひずみ・応力とどの程度一致するかを比較し、差違の有無にかかわらずその原因について考察を行います。かなり大雑把な実験なので、変形結果がそこそこ似ているかどうかで基本的な評価をすることにします。

図 2.1.1　指で感じる断面二次モーメント

まずは、実際にものを触って、体感することが大事です。

2.1.2 実験に必要な機材・設備とセッティング方法

本実験に使用するものは下記の通りです。前もって準備したものと当日講習会会場で臨機に調達したものがあります。

- 実験材料（10 [mm]×5 [mm]、長さ約 400 [mm] のバルサ材梁）
- 置き針付きバネ秤（除荷後最大負荷が読みとれる。図 2.1.2）
- 荷重方向を 180 度変える滑車とワイヤー（図 2.1.3）
- 適当に間隔を空けた机二つ（会場にあるものを実験台に借用）
- 支持や固定を設定する木片やクランプ（図 2.1.4）
- 定規（変位目測用につり下げた）

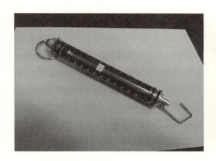

図 2.1.2　置き針付きバネ秤

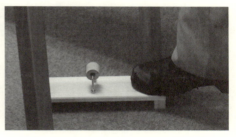

図 2.1.3　方向変更滑車

図 2.1.4　クランプ各種

2.1.3 実験その1（指で感じる断面二次モーメント）

$$I = \frac{1}{12} bh^3 \qquad 式(2.1.1)$$

断面二次モーメントはどの教科書にも載っている式(2.1.1)で、h は高さ、b は幅です。断面が長方形の場合、当然縦置き、横置きでこの数値は変わります。

今回準備した $10 \times 5 \,[\mathrm{mm}^2]$ の角棒を適当に離した二つの机に橋のように渡し、本実験の参加者全員に縦置きと横置きの押した感覚とその時の断面二次モーメントの数値を確認してもらいました。数値は図2.1.5に丸囲みで示してあります。計算上では横より縦の方が4倍強いということになりますが、感覚はそれ以上だったのではないでしょうか。

図 2.1.5 断面二次モーメントの縦横の数値と変形

押した感覚だけは測定できず、自分で体感してもらうしかないわけですが、縦置きは不安定で力を入れようとするとすぐコテンと横になってしまいました。縦置きにはみなさん、ずいぶん苦労されていました。

こんな簡単な実験も初めての方がほとんどで、新鮮な経験だったようです。

2.1.4 実験その2（梁の支持と固定に挑戦）

ここからは参加者の中からうまく撮影できた実験を紹介していきます。私からの依頼は、「他の人とは違う支持や固定に挑戦して下さい」というものでした。そのため順番の後の人ほど「どうしようか」と苦労していました。

早めに実験した方が楽やでぇ〜

基本的にCAEには線形静解析を適用する予定でしたので、曲げにとどめて折らないようお願いしましたが、慣れない実験で力加減がわからず、ポキッと折れるのがほとんどでした。従って、目測のたわみや置き針の示す最大荷重値は参考ということにして、全体の変形具合を評価対象とすることにしました。

実験手順を示します。

1) 机の間隔を決めて、小さな枕木を載せる。
2) 支持端、固定端を決める。
3) 実験材料（バルサ材）の梁をワイヤーの輪っかに通す。
4) 支持端は枕木に載っける。固定端は枕木ごと机にクランプで挟む。
5) ワイヤーを滑車にかけて、反対の輪っかをバネ秤で支える。
6) 撮影開始
7) 滑車を足で踏みながらバネ秤を持ち上げる。

① A さんの実験

　典型的な両端支持、中央荷重に挑戦してもらいました。両端支持とは言いながら、本当の端っこは無理だったので端は 5 [cm] ほどはみ出しています。これが後の CAE に大きな問題となるのですが、それは各人の CAE の項で解説します。図 2.1.6 をごらんください。これがまさに線形静解析の変形です。A さんはもう少し変形を見やすくしようとさらに力をいれようとしましたが、その瞬間、図 2.1.7 のようにポキッと折れました。これが実験のおもしろいところで、なかなか思惑通りにはいかないものです。

図 2.1.6　もうそろそろ…

図 2.1.7　あっ、折れた

② B さんの実験

　左端固定、右端支持、荷重点はほぼ中央、に挑戦してもらいました。この固定が一苦労。支持というのは枕木に載せるだけで何の苦労もいりませんが、この時の固定、大きめのクランプで机、枕木、梁を締め付けてギュッと力をいれたところ「ミシッ」と嫌な音がしたので慌てて力を緩めました。従って、気分としては「軽く止めた」という程度で、固定とか完全拘束とはほど遠い状態だったと思います。それでもあとで見ると、クランプで押さえた箇所がくっきりと凹んでいました。荷重点に関しても、心持ち固定側に寄せたのは何か虫の知らせ（人間が天性から持っている感覚）みたいなものがあったのでしょうか。結果として図 2.1.8 のように撓んだだけで、折れませんでした。この CAE 解析、どうやってモデルの設定と固定をしたらよいのか…。けっこう苦労しそうな予感がします。

図 2.1.8　おっ、強い

固定の仕方でも、折れやすかったり、折れにくかったりするものです。

③ C さんの実験

　C さんも B さんと同様右端固定、左端支持、荷重は固定点と支持点の中央に挑戦しましたが、C さん、どうも最初から折るのが目的だったようです。

　図 2.1.9 を見ていただけばわかりますが、右端の固定はよいとして、左の支持点は固定点から数センチしか離れていません。そのため残りの梁が長く余っています。荷重点は支持点と固定点の中間と言っても相当強い力が必要だろうと想像できます。案の定少し力をかけると図 2.1.9 で止まりました。拘束クラ

ンプがずれましたが、そのまま一気に力任せでバネ秤を持ち上げました。ゆっくりではなかったので図 2.1.10 のように支持点を越えた自由端が慣性で曲がっています。次の瞬間が図 2.1.11 です。目論見どおり荷重点と固定点で梁が折れ、自由端がはねあがったのが分かると思います。これはもう線形静解析の範囲を大きくはずれています。CAE 解析で目指すのは図 2.1.9 になると思います。

図 2.1.9　クランプがずれていく…

図 2.1.10　慣性力が…

図 2.1.11　ボキボキ。

落ち着いてやんなはれや…

④ D さんの実験

　A さんと同じように、両端支持、中央荷重ですが、あえて不安定な縦置きに挑戦してくれました。難しかったのは、梁を縦置きに保持することでした。ほんのちょっと荷重をかけるだけで倒れるので、手で保持することにしました。図 2.1.12 に手が写っているのはそのためです。かなりしっかりと保持しないと倒れてしまいました。従って、両端支持と言いながら、厳密な意味での支持にはなっていません。まあ、CAE 解析では手は無視することになるでしょう。

第 2 部　実測と CAE の比較・検証

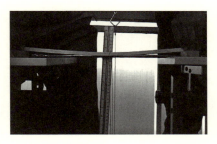

図 2.1.12　倒れないように手で支えています。

2.1.5　実験内容の CAE（構造解析）でのトレース

　使用ソフトウェアは、SOLIDWORKS Simulation。3D–CAD からそのまま有限要素法解析に移れる、結構使いやすいソフトだと私は思っています。今回使う機能は基本中の基本である線形静解析です。線形静解析に必要なものは、

- 解析対象となる 3D モデル
- ヤング率
- ポアソン比

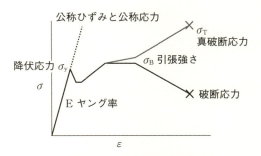

図 2.1.13　引っ張り試験結果

　図 2.1.13 に引っ張り試験の模式図を示します。ヤング率というのは図 2.1.13 に示す最初の原点を通る直線部分の傾きです。本来このヤング率は降伏応力ま

でしか成立しないのですが、線形静解析では直線部をまっすぐのばして（図の破線部）計算します。

ポアソン比はわからなければ0.3くらいで大きな支障はありません。

有限要素法の詳しい解説は専門書に譲ります。

ここでは線形静解析の手順だけ示します。

1) モデルの読み込み
2) 解析の種類の指定（静解析）
3) 材料物性の指定
4) 拘束条件の設定（位置。固定か、支持か。）
5) 荷重条件の設定（位置、向き。力か、圧力か。）
6) オプション類は一切指定せず（大変形、摩擦、等）
7) メッシュ作成（とりあえず1クリック）
8) 計算実行
9) 結果表示と評価（変形をデフォルメ）

CAEではモデル作りがもっとも重要です。モデルがうまく作れたら、CAEは8割がた成功したと思って過言ではありません。今回のモデルは私が準備しました。実験は一本の木の棒でしたが、モデルは同じ断面形状、同じ長さですが、10等分にしてあります。どんな実験にも対応できるように、という意図です。実験では机や枕木やクランプ、ワイヤーの輪っかなどを使いましたが、モデル化はしていません。木の棒だけのモデルです。従って、最初面に乗っていた箇所が梁のたわみとともに枕木から浮き上がったりずれたりしても解析条件にはいれません。

材料物性の設定ですが、SOLIDWORKS Simulationには材料データベースがついていて、その中に木材のサンプルがあるので、それをそのまま使うことにします。先に、変形形状だけで実験とCAEを比較することにすると言いました。それならどのヤング率でもよい訳ですが、せっかくあるのでそれを使うことにしたいと思います。厳密には材料物性は自分できっちり測定するか測定

第2部　実測とCAEの比較・検証

専門会社に委託して準備するのが本道なのでご注意ください。
　有限要素法は本来微小変形を近似する理論であり手法です。各実験のように目に見えて撓めば、あきらかに大変形になるわけですが、大変形オプションは指定しないことにします。こういうオプション類は徹底的に検証し、自分の感覚と一致するようになってから適用することをお奨めします。
　有限要素法はメッシュから逃げるわけにはいきません。メッシュに関しては専門書（これまで、NPO法人CAE懇話会が出版した「塾長秘伝」「解析塾秘伝シリーズ」）を一度だけ通読されることを推奨します。大体こんなものや、とわかればそれでよいのです。
　最近ではクリック一つでそこそこのメッシュが切れるようになり、非常に楽になりました。ただし、あくまでもそこそこです。なにも考えずにワンクリックで作成したメッシュの例を図 2.1.14 に、細かくてよく見えないのでその拡大図を図 2.1.15 に示します。本来はここで、できたメッシュがこれから実行する解析計算に相応しいかどうかを判断しないといけないのですが、ここはみなさんが使用する CAE ソフトで熟達していただくようお願いします。
　計算実行もプルダウンメニューからクリックするだけです。計算時間はメッシュの数に大きく影響されますが、このくらいのメッシュ数では1分とはかかりません。従って、早く計算を終わらせる目的でメッシュをわざと粗く切るなんて荒技も使えます。結果の判断に自信があれば試してみてもよいでしょう。

図 2.1.14　1クリックメッシュ

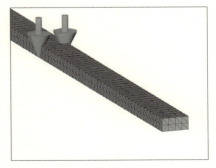

図 2.1.15　部分拡大

　最後に結果表示と評価です。結果表示は応力とします。特に指定しなければミーゼス応力が表示されます。ミーゼス応力の詳しい説明は専門書（これも、NPO法人CAE懇話会の出版物）をひもといてください。同時に変形形状も表示されます。これも特に指定しなければ、変位が画面いっぱいに拡大表示されます。今回実験が大ざっぱなので評価も大ざっぱにすると言いました。この拡大表示された変形形状をもって、解析計算が妥当かどうかの判断をすることとします。

　ここからは先ほど実験をしてくれた4人の方の解析結果を紹介していきます。

① Aさんの解析

　Aさんの実験はごく基本の両端支持、中央荷重でした。両端支持とは言いながら本当に端っこを支持するのは無理でした（図2.1.6参照）。解析だと可能です。ですがあえて実験に近い拘束条件、端を数センチはみ出させての支持に挑戦してもらいました。3Dモデルは10等分してあり、ドンピシャの箇所がありませんでしたので、近くの分割線に拘束条件をつけることにしました。支持ですよ、と念を押したつもりでしたがえらくあっさり設定を終えて計算実行に入りました。「出た出た」という結果が図2.1.16です。でも何か変ですね。変だと感じて下さい。参加者のみなさん、誰からも指摘がこなかったのが心配でした。端を少し余らせて実験したのを思い出して下さい（図2.1.6参照）。実験事実があれば、計算結果を鵜呑みにしないで済むという一番の参考例になりました。これは拘束条件の設定がまずかったのです。Aさんは「支持」という

指示を何の気なしに「固定」で設定したのです。その結果が図 2.1.16 になったというわけです。そこでインストラクターさんに「支持」の設定にし直してもらった結果、**図 2.1.17** のように実験と同じような変形形状になりました。

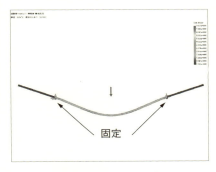

図 2.1.16　なんか変

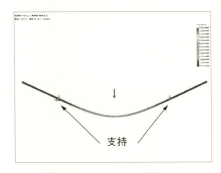

図 2.1.17　こちらが正しい

構造解析の場合、「拘束条件」を間違えやすいので注意が必要やで。

　実は CAE の拘束条件では「固定」はやさしいですが、「支持」というのはいささか難しいのです。逆に実験では、「支持」がやさしく「固定」が難しい。
　それではここで、拘束条件「支持」を詳しく見ていきましょう。宇宙空間で棒の真ん中を指で押す状況を思い浮かべてください。棒はどこまでも行ってしまうでしょう。図 2.1.17 に沿って言うと、荷重が真下なので左端と右端を下に行かないように止めます。下方移動を止めるだけでよいのですが、ソフト上それができないので、上下拘束とします。前後はどうでしょうか。実験では棒と枕木の間に自然と摩擦が働いて止まってくれますが、ソフト上では止めないと計算ができません。従って、前後拘束を設定します。左右はどうでしょう。

実験では摩擦と滑りが働いてうまく変形してくれますが、ソフト上では意識して止めないと、計算ができません。まず左端を左右拘束します。これで左右の動きが止まります。右端は？　こっちは止めてはいけません。なぜなら図2.1.17でわかるように棒は荷重によって撓みます。撓むと長手方向が縮みます。この縮みを止めてはいけないので、右端には左右拘束はつけません。これでよいのですが、なぜよいのか確認しておきましょう。さきほど撓むと言いました。すなわち拘束点を中心に回転するということです。左端では右回転、右端では左回転、これで正しい計算になります。上下、前後、左右の平行移動拘束は設定するが、X軸、Y軸、Z軸の回転拘束はしない。これが「支持」です。しかも左端と右端で条件が異なります。その様子を図2.1.18、図2.1.19に示します。この設定ができるのは、このソフトでは「強制変位」です。「固定」は、これらすべての動きを止めてしまうので注意が必要です。

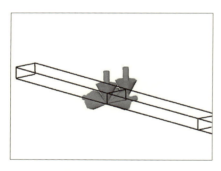

図 2.1.18　左端拘束

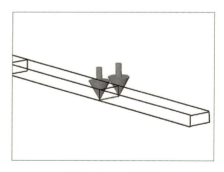

図 2.1.19　右端拘束

「拘束」の仕方ひとつだけでも、計算結果はガラリと変わります。注意が必要ですよ。

②Bさんの解析

　実験は、左端固定、右端支持、中央荷重でした。Aさんが「支持」で苦労してくれたおかげで、後の人たちは「固定」と「支持」で迷うことはなかったようです。Bさんが迷ったのは、クランプでの固定をどう設定するかでした。実験では、机、枕木、棒をクランプで挟み付けたのでした。Bさんは最初「押さえつける」設定に拘りました。確かに棒の表面にはクランプの跡がくっきり残っていましたから気になったのでしょう。設定としては可能です。拘束する部材の下面を固定、上面に圧力を与えれば「押さえつける」ことになります。ただ、それが全体の変形にどの程度影響を与えるかとなると、ほとんど無視してよいだろうという議論の末、左端拘束は下面固定、右端は支持（上下拘束だけ）としました。計算結果は**図 2.1.20** となり、実験結果（図 2.1.8）とほぼ同じ変形形状が得られました。

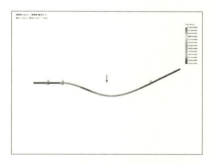

図 2.1.20　変形は似ている

　厳密に言えば、固定と押さえ付ける、あるいは締め付けるのとは差があるはずですが、このくらい合っていればよしとしましょう。

初心者にしては、なかなか、上手に「拘束条件」の設定をしているなぁ…

③ C さんの解析

　実験自体はかなり急激に力をかけたため、あっという間に棒は折れてしまいました。支持点、固定点の間が狭く、荷重点がその中間だったので最初から腕力が必要でした。長く残った左側の端が少し浮き上がったところで固定用のクランプがずれ始めたため、C さんは焦って一気に力を込め、見ようと意識しなかった慣性によるたわみが撮影されました。次の瞬間棒は二箇所で折れました。慣性によるたわみとか、折れるという現象は静解析では手に負えません。C さん自身理解していて、図 2.1.21 の計算結果に納得していました。拘束はもちろん、左支持、右固定（部材の下面）です。図 2.1.9 の実験写真と比較しても変形形状は十分な相似でしょう。

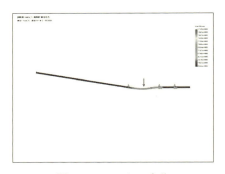

図 2.1.21　これで十分

④ D さんの解析

　あえて不安定な縦置きに挑戦してくれた D さん、そばに居た二人で倒れないよう支持点の箇所を手で支えて実験しました（図 2.1.12 参照）。手のモデル化はしなかったため、解析上の拘束条件は、A さんの解析（両端支持、中央荷重）と同じになりました。実験は苦労しましたが、解析はすんなり終了し、図 2.1.22 の結果を得ました。変形が大きいように見えますが、これは拡大表示されているからで、拡大率を調整すれば気に入った変形になります。

第 2 部　実測と CAE の比較・検証

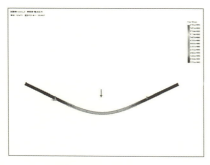

図 2.1.22　縦置き

2.1.6　考察

　線形静解析の検証のための実験、および解析ソフトでの計算（特に拘束条件）の紹介をしてきました。実験がいかに手間のかかるものか、さらに実験条件と解析条件をまったく同じにすることは不可能だということはわかってもらえたかと思います。これで検証になったのか、というのが問題ですね。実験では実施者の意図とは関係なく、あらゆる要因が入ります。例えば、重力、周囲の空気、摩擦、滑り、棒の虫食い、荷重の方向（必ずしも鉛直にかかっていない）、二つの机の高さ違い、等々。解析ではそれらすべてを無視しました。解析でいう固定は実験ではありえないこと、また解析では支持の設定が相当難しいこともわかったでしょう。しかし、ある一点に着目すれば、実験と解析がそこそこ一致することもわかったと思います。今回は変形形状の相似を評価ポイントにしたことです。

　変形形状が一致すれば、あとは何かの数値が得られれば、ズレが何％かという議論ができます。そこで、たわみ量を実測しようとしましたが、目視ではうまくできませんでした。ひずみ測定は、相手が木の棒なのでゲージを貼るのが難しく、最初からあきらめました。せめて荷重値だけでも測ろうと、置き針付きバネ秤という新兵器を使いましたが、手加減が困難で、なにが測れたのかよくわかりません。しかしせっかく数値が取れたので、**表 2.1.1** にまとめました。

21

比較できるとすれば、Aさん（横）とDさん（縦）の実験ですが、指で感じる断面二次モーメント（図2.1.5、約4倍）ほど大きな差にはなりませんでした。

表2.1.1　記録に残った荷重値

実験の種類	置針の目盛り [kg]	備考
Aさん（両端支持、横）	1.3	折れた
Bさん（左端固定、右端支持）	1.1	
Cさん（右端固定、右横支持）	4.2	折れた
Dさん（両端支持、縦）	2.3	

　これはAさんの実験では棒が折れるところまでやってしまったわけで、置き針ではマックス値だけが残ったのです。できればバネ秤の目盛りの動きとたわみ具合を同時に撮影し、スロー再生で同じたわみ時のkgが読めれば、理論通り断面二次モーメントの差が見られるものと思います。今後工夫したいところです。

　CAEの一番よいところは、大変な実験をしなくて済むことです。まったく実験と似ていなければどうしようもないですが、今回の変形形状を見る限り、使い物になると言ってよいのではないでしょうか。「よし、使える」とみなさん方が得心されることが重要です。でも一度はしっかり実験とCAEで自分のしたいことができることを確認してください。特に実験では見た感じだけでなく、なにか数値で残せるもの、今回は荷重値を狙いましたが、何種類かの実験を同じ土俵で比較できる実測値を取れるように努力してほしいと思います。

第2部 実測とCAEの比較・検証

第2章　熱の移動を見る（熱伝導編）

2.2.1　実験の目的

本章では、熱の動きを自分の眼と熱画像で見ることにします。

熱の伝わりには3種類（熱移動の3要素）あるのは、みなさんよくご存じと思いますが、確認しておきましょう。

①伝導伝熱

　図2.2.1に示す、動かない金属棒の中を熱エネルギーだけが伝わっていく現象です。

②対流伝熱

　図2.2.2に示す、部屋をストーブで暖める時の、暖かい空気が上がり、冷たい空気が下がって、部屋全体が暖まる現象です。

③輻射伝熱

　図2.2.3に示す、真空中を光のように熱エネルギーが飛んでくる現象です。

図2.2.1　伝導

図2.2.2　対流

熱移動の3要素を頭に入れたうえ、自身が設計するものが、どの要素の影響を受けやすいか想定しておきましょう。

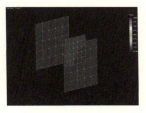

図2.2.3　輻射

ここでは伝導伝熱の実験だけを行います。理由は、現象が素直なこと（単に温度の高い場所から低い場所に熱が動く）、そして実験道具の調達が容易なことです。最大の難関は温度の測定でしたが、サーモグラフィーという文明の利器を業者さんから借りることができました。ここで御礼申し上げます。熱電対を貼り付けるなんてことは、とてもめんどくさいのでしたくなかった。非常にありがたかったです。

　ただそれだけでは面白くありません。「実験とCAE」では参加者全員に手作業をしてもらうことを大前提としています。そこで金属棒にロウソクのロウでマッチ棒を立ててもらうことにしました。そのイメージを図 2.2.4 に示します。

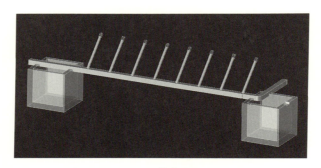

図 2.2.4　マッチ棒林立のイメージ

　これで金属棒の端を熱すれば、ロウが溶けて順々にマッチ棒が倒れることで熱の移動が人間の眼でも追いかけられるだろうと考えました。斜めにしたのは、どのマッチ棒も同じ方向に倒れてくれることを期待したのです。伝熱性のよい材料かどうかは、一本目と二本目の、あるいは二本目と三本目の倒れる時間差でわかるはずです。特に時間は測定しなかったのですが、熱伝導度の違いを体感してもらうのが目的でした。

2.2.2　実験に必要な機材・設備とセッティング方法

本実験に使用するものは下記の通りです。

・物性の異なる4種類の金属棒各2本

　銅、アルミニウム、鉄、SUS（図 2.2.5）。2人一組で作業してもらう予定で、16人で対応しました。金属の見分け方は、銅は赤銅色、アルミは軽い、鉄は磁石にくっつく、残りがSUSということで可能なのですが、あまりに不親切だと思い、それぞれ「CU」「AL」「FE」「SUS」と打刻しておきました。直角に曲がっているのは、最初熱湯に浸ける予定だったためです。アクリルで作った枡形にお湯を注いだところ、接着部が剥がれ、危うく大火傷する寸前でした。いまこの枡形は金属棒の支持台になっています。

熱っちいなぁ。

・アルコールランプ

　もちろん金属棒の端を熱するためのものです。近頃の若い人には珍しかったようで、私がアルコールを補給するのを興味深そうに見ておられました。写真を図 2.2.6 に示します。

・ラボジャッキ

　パンタグラフのように上下に高さ調節ができ、アルコールランプを載せてその炎が金属棒の狙った箇所に当たるようにするためのものです。図 2.2.7 に写真を示します。黒いつまみを回すと高さが変わります。実はこの器具の名前が「ラボジャッキ」とは知らず、通販サイトで見つけるのにえらく時間を食いました。

・マッチ、ロウソク

　マッチは金属棒に斜めにくっつけるためのものです。何本かはロウソクに火を点けるのに使われましたが。なぜマッチなのかですが、別に爪楊枝でもよかったのです。ただ、マッチは軸が白で頭が赤なので、見栄えがすると思っただけです。ロウソクは自宅の仏壇の引き出しにあったのを持ってきました。

図 2.2.5　4種類の金属棒

図 2.2.6　アルコールランプ

図 2.2.7　ラボジャッキ

・セッティング

　何度か実験を繰り返してみて、図 2.2.8 のような組み立てに落ち着きました。最初熱湯を溜める予定だったアクリルの枡形を二段に積み上げ、金属棒の長い方の端を載せて重り（自家製の文鎮）で動かないように挟みました。要するに金属棒の残りを宙に浮かせたかったのです。これで心おきなく他端をアルコールランプで熱することができました。

26

第 2 部　実測と CAE の比較・検証

図 2.2.8　治具全景

・サーモグラフィー

　見えない温度を熱線の量を感知して可視化してくれる優れものです。全体が見えるので解析結果と比較できます。これを貸してもらえる算段がついたのでこの伝熱実験を企画した、というのが本音です。カメラ自体は小さなものなので、熱画像をスクリーンに映して全員に見てもらいました。その様子を図 2.2.9 に示します。カメラは右下に小さく写っています。

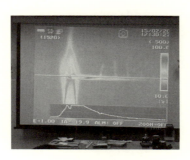

図 2.2.9　測定状況

・エクセルマクロによる伝熱計算ソフト

　金属棒の 10 分後の温度分布を計算する Excel シートです。有限差分法、陽解法で私が作りました。これで「前もって物性の差を得心してもらってから金属棒を選んでもらおう」という訳です。もちろん棒は直角に曲がっ

27

ていますが、計算上は真っ直ぐにしました。私の作ったソフトは、欲しい人にはさしあげました。

2.2.3 実験開始から終了まで

ロウソクに火を点けて斜めにし、金属棒の所定の個所にポタッとロウの滴が落ちて固まらないうちにマッチ棒のお尻を押しつけ、固まるのを待つ、という作業を二人一組でやってもらいました。くれぐれも火傷には注意してもらうようにした結果、今まで事故は起きていないのは僥倖です。この落としたロウの固まる速度が金属によって差があったのを気づいた人はいなかったようです。ここでの差は本筋とは違うので、特に注意喚起はしませんでした。

実験手順を示します。
1) エクセルでの伝熱計算で結果予測。
2) チームで使う金属棒を選択。
3) 金属棒の測定面にセロテープを貼る。
4) L型金属棒に適当な間隔でマッチ棒をロウ付け。
5) アルコールランプの炎を当てて測定（撮影？）開始。
6) 金属による差を体感。

順にもう少し解説しましょう。

1) エクセルでの伝熱計算

金属棒を10等分し、初期温度25℃、右端温度固定100℃、1秒刻みで600ステップ（600秒、10分間です）の計算をします。

もとにしたのは式(2.2.1)です。となり同士の温度勾配で熱エネルギーが伝わるという意味です。断熱状態での計算としました。

$$q = -\lambda \frac{\partial T}{\partial x} \qquad 式(2.2.1)$$

シート内の詳しい計算式の説明は別の機会に説明したいと思います。

計算結果のグラフを図 2.2.10〜図 2.2.13 に示します。これが銅、アルミ、鉄、SUS の 10 分後の温度分布です。水平線は 60℃で、ほぼロウの溶ける温度です。金属物性の差は明らかでしょう。

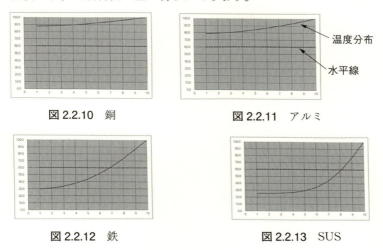

図 2.2.10　銅　　　　　　　図 2.2.11　アルミ

図 2.2.12　鉄　　　　　　　図 2.2.13　SUS

2) チームで自分たちの金属棒を決定。

　　1) の結果を参考に決めてもらいました。あえて、温度の上がりにくい SUS を選んだ挑戦的なチームがあって感謝しました。

3) 測定面にセロテープ

　　サーモグラフィーは放射率の設定の関連で、ピカピカの金属面が苦手だとわかり、測定面にセロテープを貼ってみたらうまくいったので、以来マッチをロウ付けする前に貼ることにしました。初めの頃はマッチを付けてからテープを貼り、せっかくつけたマッチがバラバラ落ちるという失敗がずいぶんありました。

4) マッチのロウ付け

　この実験に参加した方々は、回を重ねるにしたがってロウ付けの仕方が上達しました。今では金属棒と枕木を平行において、その上にマッチを並べ、その後1本ずつロウを垂らしていくことにして、結構早く、ほぼ等間隔に付けられるようになりました。途中の様子を図 2.2.14 に示します。とはいえ、手作業なので、3D-CAD で書いたように、きれいなロウ付けにはなりませんでした（図 2.2.4 参照）。垂らすロウの量もまちまちで、これはまあ、ご愛敬でしょう。

5) アルコールランプ点火

　サーモグラフィーをスタートさせて、いよいよランプの点火です。ランプの炎の大きさが変わるので、ラボジャッキが活躍します。空調の風で炎が安定しなかった時は、実験の間だけ冷房を止めてもらったこともありました。点火直後の様子を図 2.2.15 に示します。参加者のみなさんが固唾をのむ瞬間です。

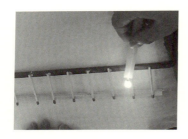
図 2.2.14　ロウ付け途中

図 2.2.15　完成、点火

6) 金属物性の差を実感

　一本目が落ちた瞬間を見ていただきましょう。

　参加者にはスクリーンの熱画像を、実際にマッチをロウ付けしてくれたチームお二人には実物のすぐそばでマッチの動きを見てもらいました。そろそろや、というのは熱画像からわかります。そばで見ているとマッチ根

第 2 部　実測と CAE の比較・検証

元のロウが少し透明になってくることからもそれはわかりました。

　マッチの頭が少し動き始め、すとんと落ちると「おー」という歓声が上がりました。みなさん、楽しんでくれたようです。

　一連の写真を図 2.2.16～図 2.2.18 に示します。

図 2.2.16　そろそろやで

図 2.2.17　動いた

図 2.2.18　あっ、落ちた

　ここからは 4 チームの熱画像をまとめます。表示するのは撮影開始と撮影終了の画像、それと開始から終了までの所要時間です。物性の差は所要時間に如実に表れました。炎の存在が大きすぎて見にくいとは思いますがご容赦下さい。

①銅チームの結果

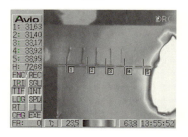
図 2.2.19　銅開始

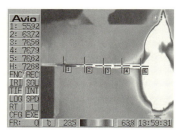
図 2.2.20　銅終了

3 分 39 秒

②アルミチームの結果

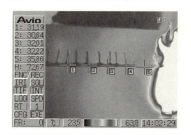
図 2.2.21　アルミ開始

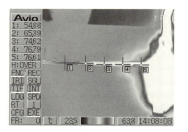
図 2.2.22　アルミ終了

5 分 39 秒

③鉄チームの結果

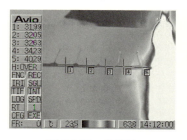
図 2.2.23　鉄開始

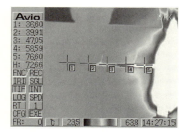
図 2.2.24　鉄終了

15 分 15 秒

辛抱して最後のマッチが落ちるまで撮影しました。

第 2 部　実測と CAE の比較・検証

④ SUS チームの結果

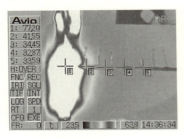

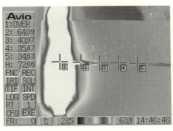

10 分 12 秒
（1 本目で）

図 2.2.25　SUS 開始　　　　　図 2.2.26　SUS 終了

　SUS は最初から伝熱性が悪いのはわかっていました。2 本目で止めましょうと宣言していましたが、1 本目で 10 分かかりましたので、その時点で撮影は中止しました。「一生懸命ロウ付けしたのに」他チームより確かに本数が多かったのですが、諦めてもらいました。申し訳ない。その代わり、炎と反対側の棒端を自分の手で触ってもらい、まったく冷たいままなのを体感してもらいました。

2.2.4　実験内容のCAE（熱伝導解析）でのトレース

　SOLIDWORKS Simulation の非定常熱伝導解析を使って、解析計算に挑戦してもらいました。もっとも大切で時間のかかる解析モデルの作成は、今回は省いて、前もって私が用意したモデル（図 2.2.27 参照）を全員に使ってもらいました。解析の目的から言えば、マッチ棒までモデル化する必要はなかったのですが、最近のパソコンはメモリーも多く計算速度も早いので、あえてこのモデルを使うことにしました。

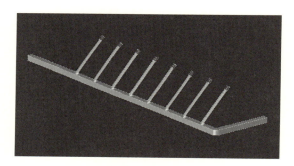

図 2.2.27　解析用モデル

解析手順を示します。
1) 　モデルの読み込み
2) 　物性の定義（マッチ及びロウは樹脂、金属は自分のチームが選んだもの）
3) 　解析の種類指定（非定常熱伝導解析）
4) 　拘束条件の設定（短い L 端の面を 400 ℃固定）
5) 　初期条件の設定（非定常なので全体の初期温度を 25 ℃）
6) 　メッシュの作成（1 クリックメッシュでソフト任せ）
7) 　時間刻み、計算ステップの指定（2 秒刻み、300 ステップ）
8) 　結果表示（温度分布。時間指定とアニメーション）

以下に補足説明をします。

第 2 部　実測と CAE の比較・検証

1) モデル

マッチ棒やロウ付けのロウまでモデル化してあります。読み込んでから全部消去して解析しても構いません。作るのは大変ですが、消すのはあっという間です。金属棒だけにすれば不必要にメッシュが細かくならず、計算時間も半減できます。

2) 物性

この解析に必要な物性は、密度、比熱、熱伝導率です。本来は自分で使う材料物性は自分で確保するべきものですが、演習なのでソフトの持っている材料データベースから選んでもらいました。金属棒を発注するときも「その辺にあるもの」でよいと大雑把な指定しかしなかったので、物性の選択も細かいところは気にしないでやってください。

3) 解析の種類

10 分間の時間経過を追いかけたいので、定常解析ではありません。今回は断熱での計算とし、非定常解析を行ってもらいました。定常で実施すると全体が同じ温度になるだけです。もし対流熱伝達も設定するなら定常でも差は出ると思います。

4) 温度固定

L 字型の短い方の端面に拘束条件として 400 ℃の温度固定をするつもりで最初からアルコールランプの炎はモデル化していません。

6) メッシュ

計算実行とするとメッシュを切ってから計算に入ります。最近のソフトの演習ではメッシュを見せない傾向なようです。しかしメッシュ在っての結果であることを忘れてはいけません。このメッシュだからこの結果だと得心できれば、少々おかしな結果でも有効な判断材料になります。ついでに言えば、テトラメッシュの場合、伝熱解析では一次メッシュで十分、応力が絡めば一次メッシュではだめ、と知っておくと大きな判断ミスはしないで済みます。

8) 結果表示

モデルも解析条件も同じ、違うのは金属棒の物性だけなので、結果も4チームの5分後と10分後の温度分布表示にとどめます。

①銅チーム

図 2.2.28　銅 5 分後　　　　　　　　図 2.2.29　銅 10 分後

②アルミチーム

図 2.2.30　アルミ 5 分後　　　　　　図 2.2.31　アルミ 10 分後

③鉄チーム

図 2.2.32　鉄 5 分後　　　　　　　　図 2.2.33　鉄 10 分後

④SUS チーム

図 2.2.34　SUS 5 分後　　　　　　　図 2.2.35　SUS 10 分後

2.2.5 考察

　マッチ落としの実験も伝熱解析も十分金属棒の物性の差を見せてくれました。特に実験では、解析では決してわからないマッチ棒の倒れ方、時間経過を嫌と言うほど体感してもらうことができました。実現象の体感こそ CAE を使いこなす唯一の拠り所です。判断に迷ったら必ず実験せよ、ということです。実験にはすべての要因（誤差要因も含めて）が入っていますから。

　熱画像と解析結果の比較はなかなか難しいです。熱画像ではアルコールランプの炎が目立ちすぎて、肝心の金属棒の温度勾配が見えづらいことがわかります。画像自体もスカッとせず、滲んだような見え方です。今度実験する機会があれば、炎を隠すような工夫をしたいと考えています。

　一方、CAE の方は、一目瞭然、綺麗な温度分布が見えます。また、いくらでも表示の変更が利きます。二種の画像を実際に重ね合わせることはできませんが、私たち人間の頭脳は両方から必要な情報を取り込み、比較検討する能力を持っています。少なくとも私の感覚では、CAE（伝熱解析）による実験のトレースは、実用に耐える結果を出したと思っています。

　実は写真ではお見せできなかった傑作な現象がありました。マッチ棒が順番に倒れなかったのです。熱は間違いなく炎の方から伝わってきていました。熱画像では順番に熱くなってきているのが見えていましたが、あるグループの実験だけ、次のマッチ棒の方が先に倒れてしまいました。倒れなかったマッチ棒をよく見ると、えらくたっぷりロウがのっていました。「付けている途中でとれたので付け直した」そうです。とれないように上からポタポタ追加したということで、「そんな馬鹿な」という現象も理由があって安心しました。これもひとつの実験誤差です。

　実験には誤差がつきものですので、致命傷にならないように十分配慮してもらいたいと思います。

第3章　空気の流れ（自然対流）を見る（流体力学編）

2.3.1　実験の目的

　空気の流れには、自然対流と強制対流があります。この章では解析の難しい自然対流の実験を紹介したいと思います。解析は難しいのですが、自然対流は日常生活でいつもお目にかかる現象です。もっとも身近な現象は、仏壇の線香です。先端が赤く燃え、煙がゆらゆらと立ち上るあの現象です。この煙、じっと見たことはありませんか。一瞬たりとも同じ形にはなりません。しかも表現を変えれば、すなわち可視化そのものと言えます。本来見えない空気の動きを煙が見せてくれます。これをそっくりそのまま実験道具に採用することにしました。

　この実験をすれば、定常とはほど遠い、常に変化する現象が頭にたたき込まれます。そののち CAE（流体解析）の定常解析に挑戦していただきます。実現象と解析結果がおよそ一致しないことを実感することになるでしょう。それが本章の目的です。どの程度一致しないかがわかれば、流体解析ソフトの使い道もわかってくるはずです。

　ここでも参加者全員には、他の人とは違う実験をしてもらいました。

図 2.3.1 に設計段階の風洞イメージを示します。直方体の透明アクリルの筒に 13 本の邪魔棒を配置、取り外し可能としました。この邪魔棒の本数と位置を各人自由に設定してもらい、下から線香の煙を供給、自分だけの現象を撮影し、それに基づき流体解析の演習をするわけです。なぜ風洞にしたかと言えば、解析での境界条件設定が比較的容易だからです。流体解析（自然対流）は、条件設定も結果評価も難しいものです。でも、自分の実験でなら挑戦のし甲斐があるでしょう。

「なるほど！」と閃いてもらえたら、幸甚です。

図 2.3.1　風洞イメージ

2.3.2　実験に必要な機材・設備とセッティング方法

本実験に使用する機材は次の通りです。

・アクリル製の風洞

　イメージとは違って、いささか不格好ですが、必要な機能は備えています。予定では煙がよく見えるように邪魔棒取り付け面を黒い板にしたかったのですが、発注時の意思疎通ができてなく、後で黒いペンキを吹き付けました。なんせ手っ取り早く安く作ってくれという無理な注文でしたから。

　図 2.3.2 が煙の動きを観察する側、図 2.3.3 が邪魔棒を取り付ける側です。

　邪魔棒を外した穴にはゴム栓を差し込み、横からの空気流入を防ぎます。

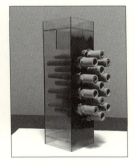

図 2.3.2　煙撮影側　　図 2.3.3　棒取付側

・発煙器

　口頭で業者に指示して作成してもらった初代発煙器はすぐに機能不全に陥り、修理もできなかったので、私自身が作り直しました。

　図 2.3.4 は初代発煙器の外容器です。せっかく作ったのでなんとか活用することにしました。中に陶器製のプリン容器、さらにその中にミニチュアの植木鉢を入れ、断熱性を確保しました。ここで抹香を焚こうという訳です。その熱源には**図 2.3.5** のはんだごてをばらして取り出したヒーターを使用しました。この形にするまでに、三本のはんだごてをムダに潰しました。今は故障もなく熱源として働いてくれています。**図 2.3.6** のように組み合わせて発煙器になります。かっこよくヒーターを垂直に立てようとして失敗したので、斜めに投げ込むだけで我慢しています。逆にヒーターを斜めにしたおかげで抹香の追加が楽にできたのは、怪我の功名でした。

図 2.3.4　焼香台　　　図 2.3.5　ヒーター　　　図 2.3.6　発煙器

実験の準備をしていると、
思い通りになったり、
ならなかったり、
また、思わぬところで
うまくいったりと
いろいろ楽しいですよ。

第 2 部　実測と CAE の比較・検証

・風洞台
　発煙器の上に風洞を持ってくる必要があるので、木片の切り貼りで台を作りました。**図 2.3.7** のように不格好なのはご容赦ください。

図 2.3.7　風洞台

・実験道具の全体図
　発煙器、風洞台、風洞を組み合わせた全体像が**図 2.3.8** です。風洞の中の邪魔棒を参加者のみなさんに好きに設定してもらおうという訳です。

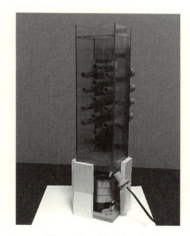

図 2.3.8　組み立て図

いろいろありましたが、実験装置の完成です。

2.3.3　実験開始から終了まで

　風洞は2台用意しました。一人が実験している間に次の人に準備してもらうためです。準備に手間取り、時間が空く場合はヒーターを切りました。ヒーター自体にスイッチはなかったのですが、スイッチ付きテーブルタップで代用しました。

　実験手順を示します。
1) 発煙器のヒーターをオン。
2) 邪魔棒の本数と位置を決定。
3) 抹香を発煙器に投入。
4) 風洞を風洞台に設置。
5) 撮影開始。
6) 煙の発生状況を参加者が確認。
7) 煙の分布が気に入った時点で撮影停止。
8) 映像の確認。

　少し補足します。
1) ヒーターオン
　　焼香に十分な温度になるまで前もって温めておきます。あまりに次の準備に手間取るときはオフにしますが、通常は全員の実験終了まで点けっぱなしにします。抹香を追加したときにすぐ発煙するように。

2) 邪魔棒
　　参加者は結構イメージを持って邪魔棒の本数や位置を決めていました。前の人とは違うようにという要請はほとんど必要なかったようです。でもきっと、結果は予測とは違ったと思います。自然対流の難しさです。

第 2 部　実測と CAE の比較・検証

3) 4) 5)　風洞設置

　　抹香を発煙器に追加し、すばやく風洞を設置します。そして撮影開始。追加直後は濃い煙となるので取りこぼさないよう緊張の瞬間です。

6) 7)　撮影

　　抹香の煙は一定しません。濃くなったり薄くなったり、広がったり狭まったり。参加者には、自分が気に入った煙の状態になるかどうかを判断してもらい、まさにその瞬間「ストップ」をかけていただきました。その間ずっと高速度カメラでの撮影は続いているわけですが、最近のカメラはエンドトリガーが使えます。ストップから時間を遡って 10 秒間の映像を動画ファイルとして残しました。

8)　映像の確認

　　動画では煙の動きはきれいに見えたのですが、スナップショットにするとどこが煙かはっきりしませんでした。うまく見えるものは実験当日の動画から採用、よく見てもわからないものは後日私自身が参加者のみなさんが設定した邪魔棒の位置で実験した画像を使いました。

　　ここでは四人の方の実験画像を紹介します。少しでも煙の範囲が判明するように、時間をずらせた二枚の写真としました。

それでは、実験結果です。
いろいろ、おもしろいですよ。

① Aさんの実験

　ちょっとひねくれた実験です。せっかく用意した邪魔棒を全部取っ払って、まさに自然対流そのものです。この複雑な動きが基本に違いありません。ただし、解析演習に提供してもらったのは定常流体解析ソフトです。どうなるのかな。

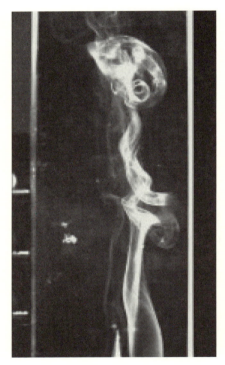　　　　　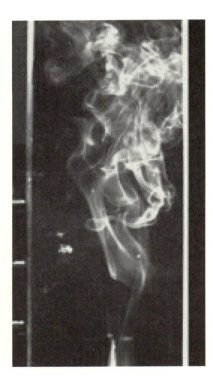

　　図 2.3.9　棒無し a　　　　　　　　図 2.3.10　棒無し b

第 2 部　実測と CAE の比較・検証

②B さんの実験

　邪魔棒を 7 本、＞・＜を縦に並べたようなおもしろい配置をされました。ただ、相手は自然対流、思惑とは違った結果だったのではないかと想像します。

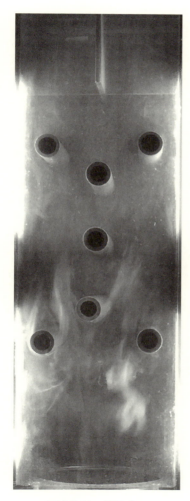

図 2.3.11　棒 7 本 a

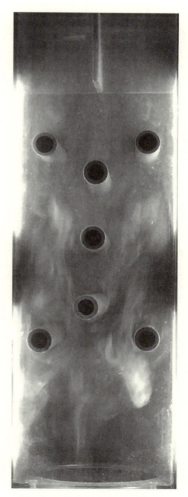

図 2.3.12　棒 7 本 b

③ Cさんの実験

邪魔棒8本、六文銭ならぬ八文銭の並びでした。並びは規則的でも下から入ってくる煙が不安定で、あっちフラフラ、こっちゆらゆら、これが自然対流の実際です。

図 2.3.13　棒8本 a

図 2.3.14　棒8本 b

第 2 部　実測と CAE の比較・検証

④ D さんの実験

　邪魔棒 12 本、＜＜＜＜ を縦に並べたような、棒だらけの配置でした。ここまで棒が密だと自由奔放の自然対流といえど進路を邪魔されるようです。邪魔棒を避けていく様子が伺えます。

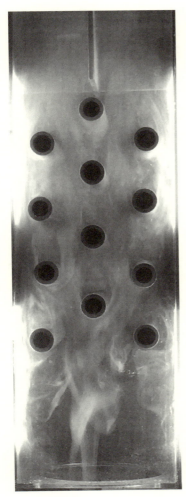

図 2.3.15　棒 12 本 a

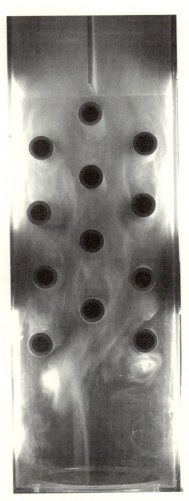

図 2.3.16　棒 12 本 b

2.3.4　実験内容のCAE（流体解析）でのトレース

　そもそも定常解析で自然対流を追いかけようというのが無理な話ですが、非定常解析に挑戦するにはとても時間が足りませんでした。事前に試行してみての結果です。非定常は是非ともご自分の使える流体解析ソフトで挑戦していただくとして、ここでは実験当日に使用したSOLIDWORKS FlowSimulationの定常解析での演習紹介をします。

　解析用の3Dモデルですが、一から作るには慣れない人もいて、時間がかかるのはわかっていましたので、CAEソフトの仕様に合わせて事前に私が作っておきました。図2.3.17に示すように、邪魔棒はマックスの13本、発煙器はモデル化せず、下部に直方体の熱源を置きました。さらに上下の口に蓋がしてあります。これで閉空間を形成し、蓋の内面に境界条件を設定する、というのがこのソフトの仕様です。

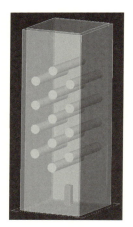

図2.3.17　基本モデル

　解析手順を示します。

1) 基本モデルの読み込み
2) 実験に合わせて邪魔棒を設定
3) 流体に空気を指定
4) 重力を設定
5) 上下の蓋の内面に圧力ゼロを指定
6) 熱源の下面を除く各面に673K（400℃）の温度指定
7) メッシュ作成（おまかせ）
8) イタレーション（繰り返し収束計算）に100を指定
9) 計算実行
10) 結果表示

　補足説明をします。

第 2 部　実測と CAE の比較・検証

1) 2)　モデル

　　基本モデルを読み込み 13 本の邪魔棒を必要なだけ残し後は削除します。3D–CAD と CAE ソフトが一体化していると、こんな操作が楽に行えます。正確には解析からの除外です。

3) 4) 5)　必須条件設定

　　この辺りは単位指定も含めて、ウィザードを使用すれば比較的見落としなく設定が進んでいきます。熟達すると、まどろっこしいものですが、慣れるまではありがたい機能です。

7)　メッシュ作成

　　凝り出すときりがないので、今回はソフト内蔵メッシャーをクリック一回で採用することにしました。本当はメッシュ形状を計算を始める前に確認しないといけないのですが、解析結果とともに表示することにしました。そこそこうまく解析用メッシュができていると私は思います。

8)　イタレーション（収束演算）の設定

　　流体解析には定常とはいえ、計算上の収束判定が不可欠です。しかし、現実の自然対流に収束なんてないと私は思っています。どこで計算を止めるかは実は非常に難しい問題です。事前解析の結果、イタレーション（繰り返し計算）を 100 回で実施することにしました。この経過はあとで詳細に紹介する予定です。

10)　結果表示

　　実験で見たのは抹香の煙です。煙は流体（ここでは空気）に乗っかって動くだけなので、結果表示は流速分布を見るのが適当です。実験も解析も 3 次元なのですが、結果を 3 次元表示をすると非常に見にくいのでセンターを通る断面で 2 次元表示することにします。コンタ図とベクトル図を重

ねるとわかりやすいので、以下の結果はそれで表示してあります。

それでは四人の方の解析結果を見ていきましょう。
① Aさんの解析
　予想通り、実験とはほど遠い結果です。

図 2.3.18　Aモデル

図 2.3.19　Aメッシュ

図 2.3.20　A結果

　実はこのAさんモデル、私が事前解析で「ああだ、こうだ」と試行錯誤していたモデルと全く同じでした。ちょうどよいので、ここで経過を紹介させてもらいます。
　まず流体解析で最初に悩むのは「層流か、乱流か」です。どのソフトでもここはユーザーが指定しなくてはいけません。自然対流に乱流などない、というのが私の持論です。Aさんの実験写真（図 2.3.9、10）のように乱れていても計算アルゴリズムは層流を使います。
　次にイタレーションです。流体解析では定常といえど繰り返し計算が必要で、少しずつ解に近づいていくことになっています。ここが線形構造解析とは本質的に異なるところです。収束条件として、例えばある点の流速値が変化しない

第 2 部　実測と CAE の比較・検証

ことと指定すると、それまでにどれだけの反復計算をしなければならないか、想像するだけでも嫌になります。さらに 1 回の反復が実時間の 1 分に相当するのか、ひと月に相当するのか分からないのが定常解析です。そこで今回はイタレーションの回数を決めてしまうという手段を取りました。解析手順⑨でイタレーションを 100 にせよとしましたが、ヤマカンで決めたわけではありません。反復回数を 10 ずつ増加させて 100 まで、それから確認のため 200 を実施しました。速度分布の変化を次に示します。

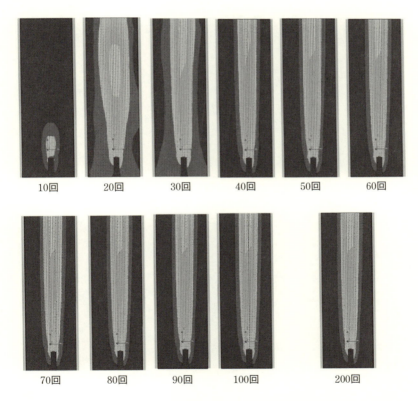

見かけは非定常計算のように思えますが、10 回が何秒後の分布なのか、200 回が何時間後の分布なのか、わからないのが定常解析です。この羅列を眺めて、100 回で比較しようと決めたというのが本音です。

51

②Bさんの解析

　実験よりこちらの方が期待に近かったようです。

図 2.3.21　Bモデル

図 2.3.22　Bメッシュ

図 2.3.23　B結果

③Cさんの解析

　こちらも首をひねっておられましたね。

図 2.3.24　Cモデル

図 2.3.25　Cメッシュ

図 2.3.26　C結果

④ D さんの解析

これが一番実験と近かった解析結果です。D さんは大喜びでした。

図 2.3.27　D モデル　　　図 2.3.28　D メッシュ　　　図 2.3.29　D 結果

2.3.5　考察

　無理は承知の定常流体解析を使った自然対流への挑戦でした。解析結果をもう一度見ておきましょう。

　こうしてみると、通路の中央部分に邪魔棒があると、比較的実験の煙に近い速度分布になるようです。

　100 イタレーションでの比較がよいのかどうかは客観的には断定できませんが、設計者と解析者の感覚が一致し、設計検討に有効な資料になればよいと思います。

実測とCAEでイメージが合ったかな？
自然対流の流体計算は、いろいろな外乱の影響を受けやすく、
むずかしいものです。

　実験と解析の大きな違いは、解析モデルにあります。今回の場合も実験に使った発煙器は解析モデルには取り込んでいません。ヒーターも斜めでしたが、それも省いて、垂直に立てた角柱の表面に温度固定をしました。それでも何かつかめるということはわかっていただけたのではないでしょうか。

　実験は、やるたびに結果が違いますが、解析では同じ結果がでます。まったく同じ境界条件での比較ができます。特に自然対流のような不安定な現象は解析対象には向きません。できれば避けたいところですが、工夫すれば、結構現象解析に取り組めると私は確信しています。

第2部　実測とCAEの比較・検証

第4章　空気の流れ（強制対流）を見る（流体力学編）

2.4.1　実験の目的

　空気の流れには、自然対流と強制対流があります。この章では、比較的解析しやすい実験として、強制対流を紹介したいと思います。強制対流の身近な例には、エアコンや扇風機、デスクトップパソコンがあります。いずれもファンが付きものです。そこで自然対流のときに作った風洞を活用し、ファンと組み合わせることを考えました。風洞を横倒しにし（図2.4.1参照）、左側から吸い出し、当然右側は吸い込み口になるので、そこに発煙器を置いて抹香の煙を焚くことにしました。実験部材は次の章で詳しく説明しますが、ここではなぜ吸い出しにしようとしたかを解説します。左から吸い込もうが右から押し込もうが同じではないかと思われる方もおられるかもしれません。

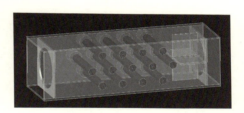

図2.4.1　風洞のイメージ

　問題はファンにあります。ファンの羽根までモデル化する気はないので、境界条件は流速で与えることになります。この場合は並行流になります。すると解析では左吸い出しでも右押し込みでも結果はほとんど同じになります。しかし実際のファンで押し込むと旋回流になることがわかっています。旋回流という設定も可能なのですが、簡単に検証はできません。今回使用するCAEソフトは定常流体解析です。自信の無い設定は使いたくないので、左ファンで吸い出しを採用することにしました。

　参加者には、自然対流の時と同じように、邪魔棒の数と位置を他の人と違うように設定してもらい、自分だけの実現象を見てもらいます。もちろん他の人

の設定の方がおもしろいこともあります。そのときはこっそりその興味を惹かれた設定で解析してみて下さい。

この強制流実験では、実験と定常流体解析とが実によく似た結果になることを実感していただけると思います。

2.4.2　実験に必要な機材・設備とセッティング方法

本実験に使用する機材は次の通りです。

・アクリル製の風洞

　　自然対流実験で用いた邪魔棒付き風洞を単に横倒しの格好で使用します。(図 2.4.2 参照)
　　完全な流用です。

図 2.4.2　横倒し風洞

・発煙器

　　これも自然対流実験のときに苦労して作ったものをそのまま使います。組み立てた外観を図 2.4.3 に示しておきます。ヒーターなどの詳細設定は前章の自然対流実験の項をご参考ください。

図 2.4.3　発煙器

第 2 部　実測と CAE の比較・検証

- ファン

　パソコンのパーツ売り場で空冷用のファンを購入してきました。最初風洞の左にじかにねじ止めしていましたが、けっこうパワーのあるファンで抹香の煙が見えないくらいの流速が出ました。流速の調節がしたくて風洞から離すため図 2.4.4 のような木製の台を手づくりして取り付けました。

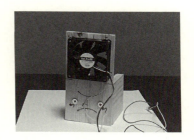

図 2.4.4　吸い出しファン

- 実験道具の全体図

　ファン、風洞、発煙器がうまく水平に並ぶように発煙器側にも木の台を持ってきました。全体図を図 2.4.5 に示します。風洞は乗っているだけなので、ファンと風洞を近づければ速い流速が、遠ざければ隙間からの短絡流のために風洞内ではゆっくりした煙の動きが見られる、仕組みです。

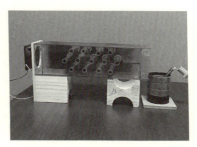

図 2.4.5　実験道具配置図

　この道具立てで参加者にはひとりずつ邪魔棒の本数、位置、流速の調節をしてもらいました。流速計があればなおよかったのですが、今回は調達できませんでした。ご容赦願います。

一から実験装置を作り直すのは大変なので、自然対流の実験装置を流用しました。

2.4.3　実験開始から終了まで

　風洞は2台あるので、この実験でも一人が撮影している間に次の人に準備をしてもらいました。次の人が少々手間取っていても発煙器のヒーターは点けっぱなしにしておきました。常に少し燻っていた方が風洞とファンの位置調節には風速が予測できて、ちょうどよかったからです。

　実験手順を示します。
1) 　発煙器のヒーターをオン（あるいはつけっぱなし）。
2) 　風洞の邪魔棒の本数と位置を決定。
3) 　風洞を台に設置。
4) 　風洞の出口とファンの距離を好みに調節。
5) 　ファンの電源オン。
6) 　撮影開始。
7) 　発煙器に抹香投入（あるいは追加）。
8) 　煙の状態が気に入った時点で撮影停止。
9) 　映像の確認。

少し補足します。
5) 6) 7)　定常状態に
　　　ファンの電源オンと同時に撮影開始。2秒も掛からず風洞の中は定常状態になります。流れが定常になったのを見計らって抹香を投入、煙を発生させます。ただし煙の状態は一定とはかぎりません。そこで…

8)　好きな分布を待つ
　　　煙の状態が期待通りになるのを待って（その間煙が薄くなったら抹香追加）、撮影ストップを指示してもらいます。エンドトリガーにしてあるので、ストップ画面から2、3秒分さかのぼって動画ファイルとします。

第 2 部　実測と CAE の比較・検証

9)　映像の確認

　　自然対流実験の時もそうでしたが、動画とスナップショットでは煙の写り方が違いすぎました。流れは動画で見るしかないのですが、印刷物にするのはどうしても写真になります。

　　見にくさはさほど変わりませんが、後日私がドライアイスで実験しなおした動画からコマ送りで撮った写真を 4 コマ載せることにしました。よーく見れば煙が邪魔棒を避けて動いていくのがなんとかわかります。

　　参加者は目の前で実物を見ているので、きっと頭にたたき込んでくれたことと信じます。

　　ここでは四人の方の実験画像を紹介します。何も言うことはないので、ともかくよーくご覧下さい。こんな画でも「うん、なるほど」と思えるのは実体験の賜でしょう。ここに実験の値打ちがあるという訳です。

　　参加者全員よく考えて邪魔棒を配置していました。

① Aさんの実験

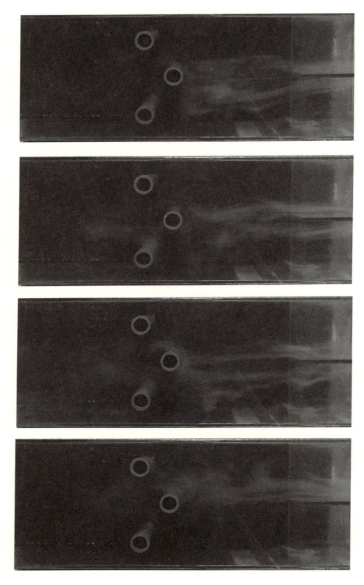

②Bさんの実験

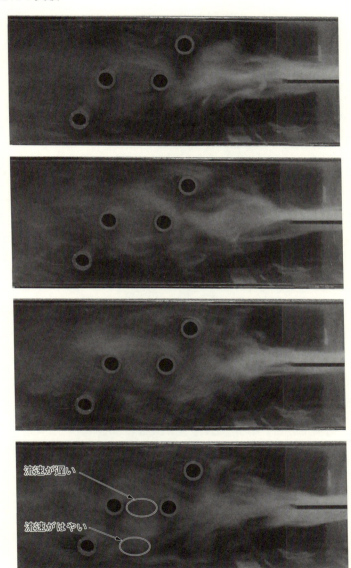

③Cさんの実験

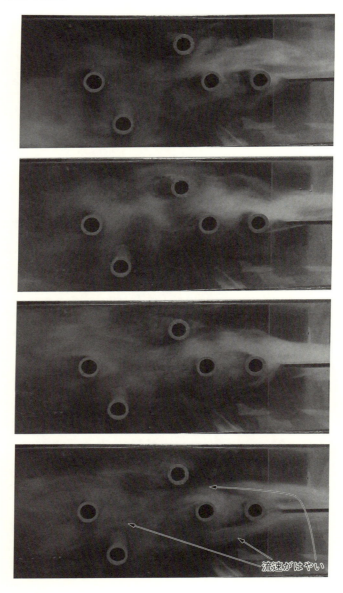

第 2 部　実測と CAE の比較・検証

④ D さんの実験

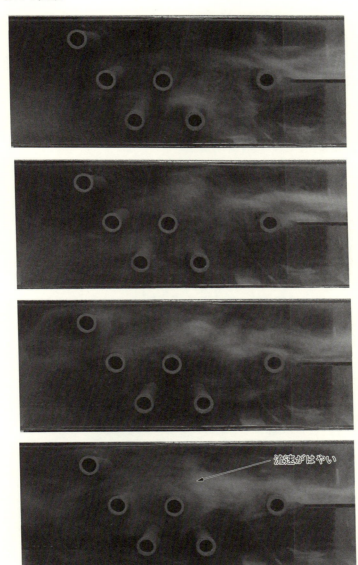

流速がはやい

2.4.4　実験内容のCAE（流体解析）でのトレース

　定常解析は強制対流のためにある、と言っても過言ではありません。境界条件の設定も楽で、計算時間も短い。もっとも手製の実験道具と解析モデルでは根本的に違いますが、なんとなく一致しているな、と納得していただけると思います。ここの解析演習も SOLIDWORKS FlowSimulation を使わせていただきました。

　解析用の3Dモデルは、前章の自然対流のものをほんの少し変更して使用しました。具体的には、縦を横にして熱源を取り除いただけです。図 2.4.6 のように、より簡素なモデルになりました。ファンも発煙器もありません。ソフトの仕様上、入り口出口に蓋があるのは以前と同じです。

図 2.4.6　基本モデル

　解析手順を示します。
1) 基本モデルの読み込み
2) 実験に合わせて不要な邪魔棒を消す
3) 流体に空気を指定
4) 入り口の蓋内面に圧力ゼロを指定
5) 出口の蓋内面に流速 0.5 [m/s] を外向けに指定
6) メッシュ作成（おまかせ）
7) 入り口の蓋内面に収束判定条件を設定
8) 計算実行
9) 結果表示

補足説明をします。

第 2 部　実測と CAE の比較・検証

1) 2)　解析モデル

　　自然対流の時と同じで、基本モデルを読み込んでから、邪魔棒を削除し実験本数に合わせます。

3) 4) 5)　条件設定

　　ウィザードと個別設定とで漏れなく流体指定や境界条件を設定します。自然対流とまったく違うのは、出口境界に流速を指定している所です。これがファンの吸い出しに当たります。0.5 [m/s] というのは、事前実験している時に、たまたま熱線流速計で測る機会があり、その時の数値を採用しました。

6)　メッシュ作成

　　相変わらずおまかせです。結果があまりに変なときは時間をかけてメッシュを作成し直さなければいけないのですが、今回はその必要はなかったようです。というより、手動メッシュ作成が嫌で結果をそのまま受け入れた、というのが本音です。ご自分のソフトで解析するときは十分得心いくまでメッシュに時間を割いて下さるよう、お願いします。

7)　収束判定

　　自然対流のときは端から収束を期待していなかったので、イタレーション指定をしました。今回は強制対流なので、入り口面に最大流速の収束判定条件を設定しました。この面を通る流速の最大値がほぼ一定になれば計算を終了せよ、という命令です。

8)　計算実行

　　成り行きのイタレーションは高々50回程度でした。当然各人の邪魔棒の設定で変わります。これが実時間で何時間後のことかと言えば、実験した人ならわかりますが、数秒です。これが今回の強制対流です。

9) 結果表示

　　定常になった空気の流れに乗って煙は動くので、これこそ流速分布で表すのが最適です。今回もセンター断面でコンタ図とベクトル図を重ねて表示します。

それでは実験を紹介した四人の方の解析結果を見ていきましょう。

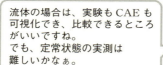

流体の場合は、実験もCAEも可視化でき、比較できるところがいいですね。
でも、定常状態の実測は難しいかなぁ。

第 2 部　実測と CAE の比較・検証

① A さんの解析

　上下対称の邪魔棒でした。煙はどう見ても上下対称には見えませんでしたが、解析では、完璧な対称です。よく見ると実験の邪魔棒、真っ直ぐじゃなかった。そのせいかな。

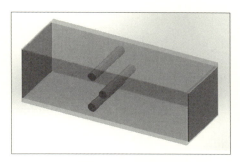

図 2.4.7　A モデル

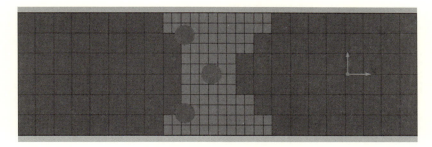

図 2.4.8　A メッシュ

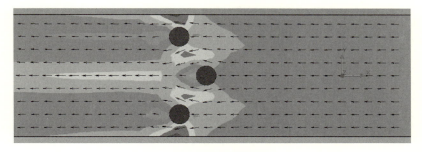

図 2.4.9　A 流速分布

②Bさんの解析

　ここからはあえて変化させようという努力の結果です。なんとなく煙が矢印に沿って流れたような気がします。つまり、実験と解析結果が一致しているように見えます。

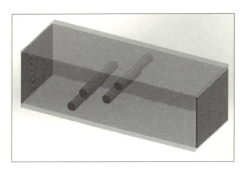

図 2.4.10　Bモデル

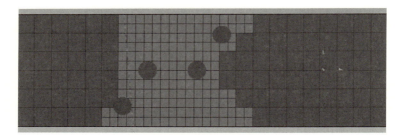

図 2.4.11　Bメッシュ

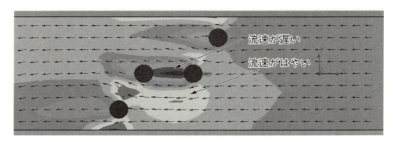

図 2.4.12　B流速分布

③Cさんの解析

Cさんには、邪魔棒を増やしてもらい、あえて空気の流れが乱れるように設定してもらいました。

微妙ですが、実機の空気の流れを追従していると思います。

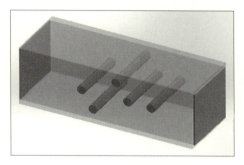

図 2.4.13　Cモデル

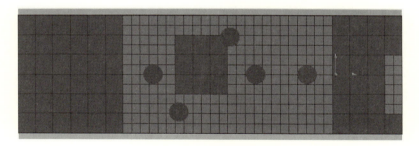

図 2.4.14　Cメッシュ

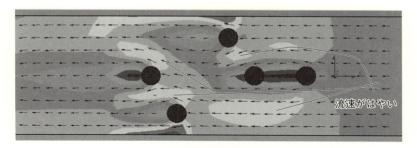

図 2.4.15　C流速分布

④Dさんの解析
　Dさんにも、Cさん同様、邪魔棒を増やしてもらいました。流れの遅速が実機にも表れているのではないでしょうか。

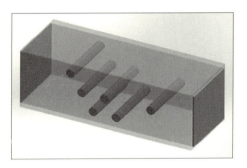

図 2.4.16　Dモデル

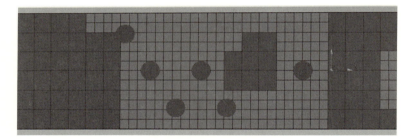

図 2.4.17　Dメッシュ

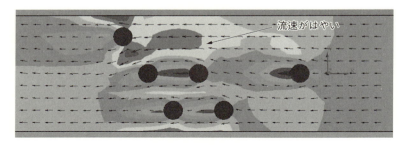

図 2.4.18　D流速分布

2.4.5 考察

　実験では定常状態を見るのは不可能です。ずいぶん苦労して煙を流したわけですが、流れはきっと定常だと思いますが、煙は「あっ」という間に入り口から出口に消えていきます。ビデオで何度も見ればよいのですが、印刷物では静止画しかお見せできないのが残念です。やはり実際に NPO 法人 CAE 懇話会主催の「実験と CAE」セミナに参加していただき、自分の眼で見て下さい。人間の目の優秀さは、見たいところだけを見ることができるところです。しかも煙の残像を重ねて判断できます。

　実験ではその道具立てに結構苦心が要ることを理解していただいたことでしょう。自分がしたいことをするには、自分で作るしかありません。でも、楽しいものですよ。

　CAE ソフトは、高価なのが玉に瑕ですが、パソコンさえあれば、手を汚すことなく、いつでも動かせます。実現象を知らなくても計算ができます。ここが問題です。計算結果が妥当かどうかの判断力を養成するために実験するのです。

　自然対流計算で使った重力をこの強制対流では設定しませんでした。実験のしやすさのために横向きを採用しましたが、ファンで引っ張るので、縦でも横でも変わらないからです。注意してもらいたいのは、自然対流に負ける強制対流や、5G、10G がかかる場合は、きちんと重力を設定しないといけません。

　強制対流では収束判定を付けました。すぐ一定になるのがわかっているので、無駄なイタレーションをさせないためです。その収束判定ですが、今回入り口の最大流速に着目しましたが、ここはみなさん自身が決める必要があります。ソフトが勝手に決めることはありません。最大流速がよいのか、平均流速がよいのか、その他がよいのか、一般的に決まっているものではないからです。

　参加者の協力で、強制流の場合、定常計算が実験とかなりよい線で一致することがわかりました。解析しやすい実験をする、というのも大事なことです。実務でも応用していただければ幸いです。

第5章　水の流れ（強制対流）を見る（流体力学編）

2.5.1　実験の目的

　空気の流れは線香の煙がちょうどよい可視化媒体になってくれました。水ならどうか、ということで頭を絞ることにしました。水も空気と同じく身近な存在ですが、空気は身の回りに充満しているのに対して、水はどこかにたまっていることのほうが多い。実験はなんとでもできると思いますが、きっと解析は難しいことになりそうな予感がします。

　水の自然対流は道具立てが容易に浮かばなかったので、強制対流だけに挑戦することにしました。水で思いつくのは、川、湖、プール、風呂、流し台など。もっとも簡単な実験道具は、洗面器に溜めた水を手でくるくる回せばよい。その中に抵抗となる丸や四角の柱を立てておけば、おもしろい渦が見えるのではないかと考えました。実験は必然的に自由界面になります。この解析は非常に難解です。従って、もっと易しい解析、すなわち水で満たした空間内での定常解析をする予定です。これなら空気を水に置き換えるだけで、前章で使ったSOLIDWORKS FlowSimulationが適用できるはずです。

　水の可視化は簡単にはできないので、水面の可視化をすることにしました。要するに何か浮かべればよいわけです。でも難しかったです。

　自由界面の実験を定常流体解析で追っかけるという、とても難しく、かつ、奇想天外な「実験とCAE」の参加者にとって、「勘」の足しになったかどうか、心配です

が。

実験道具や苦肉の可視化材料に関しては以下で紹介します。

2.5.2　実験に必要な機材・設備とセッティング方法

本実験に使用する機材は次の通りです。

・水槽

これがないと始まりません。手元にクッキーの空き缶があったので、水を溜めてみましたが溜めるどころではありませんでした。水かさが 1 [cm] もいかないうちに継ぎ目から水が出てきました。だからクッキーは樹脂の袋に入っていたのかと気づきました。

そこで、継ぎ目に内側から速乾性の接着剤を塗り込め、一晩おいて再度水溜めに挑戦したところ、みごとに漏水は止まりました。

図 2.5.1　実験槽

・水中モーター

いくらなんでも参加者のみなさんに手で水をかき回させる訳にはいきません。ネットでよいものを見つけました。これは模型の船の底に取り付けてプールなどで走らせるための電池式スクリューです。固定方法に頭が回らなかったので、紐でつり下げることにしました。ちょっと無様なので、次の機会には別の方法を考える予定です。

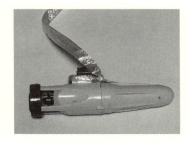

図 2.5.2　水中モーター

- 水路形成用ブロック

空気流のときの邪魔棒にあたります。丸、三角形、四角形、六角形の4種類の木製柱を用意しました（図2.5.3参照）。これを組み合わせて参加者一人ひとりで自分だけの水流実験に取り組んでもらおうという訳です。

図 2.5.3　木製ブロック

- 重し

水中モーターが沈むくらいの水かさだとブロックの半分まで水がきます。浮くし、浮かなくても水流に押されてじっとしていません。それを防ぐための重しです。サイコロ状の鉛の塊をガムテープで包んであります。これを木製ブロックの上に乗せるとしっかり止まってくれます。

図 2.5.4　鉛の重し

- 実験水路全景

水を入れる前のブロック配置です。こんな風に参加者のみなさん一人ひとりで他人と違う配置にしてもらいました。（図 2.5.5 参照）

手前の大きなブロックは水中モーターで流れを作るための配置で、ここは全員共通です。

図 2.5.5　実験水路の一例

第 2 部　実測と CAE の比較・検証

・水面浮遊物

　細かい樹脂や木の粉なら水面に浮くだろうと、金ぴかモールをばらしたり、ジオラマ用芝生材料を撒いたりしてみました。図 2.5.6 の左がモールで右が模型の芝生材料です。

　塩を溶かしたり、界面活性剤を足したり、水面に浮かそうと努力はしたのですが、正直、うまくいったとは言えませんでした。これも次の機会があれば、なんとかしたいと思っています。

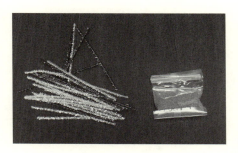

図 2.5.6　浮遊物

2.5.3　実験開始から終了まで

　実験セットが一組しか用意できなかったので、参加者に順番に挑戦してもらいました。水中モーターをおもしろがった参加者が多かったのは想定外でした。最近は模型を作ったりしないのでしょうか。

　用心のため、水槽の下にタオルを敷いておきましたが、最後まで水漏れはなく、ほっとしました。

　撮影準備には手間取ってしまいましたが、水面でハレーションが起きないよう、カメラは真上、ライトは斜め横に固定して、やっと開始できました。

75

実験手順を示します。
1) 木製ブロックを選ぶ（マックス2個としました）。
2) ブロックの位置、向きを決定し、重しを乗せる。
3) 水を注ぐ。
4) 水中モーターを起動し、槽壁と大ブロックの間に沈める。
5) 水面に浮遊物をばらまいて、流れができるのを待つ。
6) 撮影開始。
7) 参加者のストップで撮影終了。
8) エンドトリガーから遡って2、3秒間を動画ファイルで残す。
9) 映像の確認。

少し補足します。
4) 水中モーター

紐でつり下げて水没させましが、スクリューが回って走り出しました。結局水槽の壁に頭をくっつけた状態で落ち着きました。中間で止めようとした参加者もいましたが、ふにゃふにゃの紐だったのでどうしようもなく端面固定で諦めてもらいました。

5) 浮遊物

残念ながら浮遊してくれませんでした。木製ブロックの表面にへばりついたり、どんどん沈んで底に溜まってしまいました。ただ、底で流速のない部分に従った模様を作ってくれました。かろうじて役目は果たした、というところです。

9) 映像

ここから4人の参加者の写真（動画から時間をずらせてスナップした3枚）を見てもらいます。動きを見せられないのが残念ですが、雰囲気だけでも感じて下さい。

第 2 部　実測と CAE の比較・検証

① A さんの実験

　A さんは三角柱と六角柱を選びました。間を通そうという試みでしたが、流れは大ブロックと三角柱の広い方にできたようです。

図 2.5.7　A さん a　　　　図 2.5.8　A さん b　　　　図 2.5.9　A さん c

② B さんの実験

　B さんは四角柱と三角柱。四角柱に押しのけられた流れの影響が三角柱の周りに出ているようです。入れた浮遊物がえらく三角柱に集中しました。

図 2.5.10　B さん a　　　　図 2.5.11　B さん b　　　　図 2.5.12　B さん c

なかなか思い通りにいかないなぁ。

③Cさんの実験

Cさんは四角柱と円柱。四角柱と円柱の間を通って上の壁にあたった流れが円柱の後ろにゴミためを作ったように見えます。

図 2.5.13　Cさん a　　　図 2.5.14　Cさん b　　　図 2.5.15　Cさん c

④Dさんの実験

Dさんは六角柱だけ。中央に大きな浮遊物だまり。かなり大きな流速ゼロの領域となったようです。

図 2.5.16　Dさん a　　　図 2.5.17　Dさん b　　　図 2.5.18　Dさん c

うまくいったかな？

2.5.4 実験内容のCAE（流体解析）でのトレース

実験と解析モデルが全く異なる事例になりました。最初から水中モーターをモデル化する気はなく、入り口速度境界、出口圧力境界とするつもりで図2.5.19を共通モデルとして私が準備しました。解析はモデルが命です。実務においては目的に応じた解析モデルをみなさんが作り出す必要があります。見たい現象が的確に出せればよいのです。

もし見たい箇所がスクリューの周辺だったら、どんなに苦労してもスクリューを3Dモデルにする必要があります。今回の実験は、スクリューに興味はなく、スクリューから離れた場所の水流が主目的ですので、図2.5.19の形にしました。

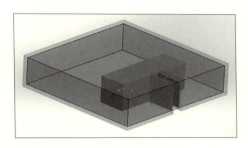

図 2.5.19　共通部分モデル

解析手順を示します。

1) 共通部分モデルの読み込み。
2) 木製ブロックを指定位置に作成。
3) 流体に水を指定。
4) 計算アルゴリズムを層流に設定。
5) 流入面に流速 0.05 [m/s] を設定。
6) 流出面に圧力ゼロを設定。
7) メッシュ作成（ソフトにおまかせ）。
8) 流出面に収束判定条件を設定。
9) 計算実行
10) 結果表示

補足説明をします。

2) ブロック作成

　　各ブロックの寸法は測定しておきましたが、位置は実験時だいたいで置いた場所に参加者本人に作成してもらいました。作業面を指定し、断面形状を作り、押し出す。それだけの作業ですが、慣れていないと結構手間取るものです。インストラクターさんが大忙しでした。

3) 4)　基本設定

　　ウィザードを活用。

5)　流入条件設定

　　入り口面に流速 0.05 [m/s] を設定。
　　位置は図 2.5.20 を参照して下さい。

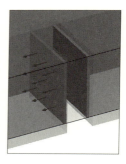

図 2.5.20　流速指定

6)　流出条件設定

　　出口面に圧力ゼロを設定。
　　位置は図 2.5.21 を参照して下さい。

図 2.5.21　圧力指定

7) メッシュ

　　ソフトの自動メッシュ（デフォルト状態）にしました。後で計算結果といっしょに断面表示でお見せします。

8) 収束判定

　　出口面の最大流速を収束判定にしました。計算が進んで最大流速の値がほぼ一定になったら計算を止めよ、というおなじみの指示です。

9) 計算実行

　　収束判定の結果、どのモデルもイタレーションは50回程度でした。

10) 結果表示

　　実験は明らかに自由界面でしたが、それを断面表示で代用します。センター断面であれば上下の壁面摩擦の影響は少ないだろうという判断です。

以下に、実験をしてくれた四人の方の解析結果を見ていきましょう。

木製ブロックの位置は、特に測定した訳ではないので、目分量です。この際こまかいところは目をつぶっていて下さい。

①Ａさんの解析

　六角柱と三角柱、それと大ブロックとの隙間が微妙に気になりますが、流速ゼロの模様はかなり実験の浮遊物の模様を表現しているようです。

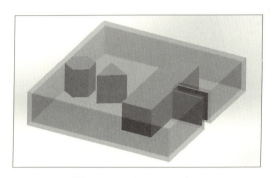

図 2.5.22　Ａさんモデル

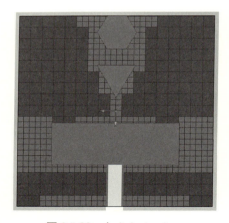

図 2.5.23　Ａさんメッシュ

図 2.5.24　Ａさん流速分布

第2部 実測とCAEの比較・検証

②Bさんの解析

　四角と三角のブロックの組み合わせでしたが、四角の大きさが実験と少し違ったようです。あとでBさんに確認したところ、わざわざ遠くにおいてあったのを使ったそうです。私のミスでしたが、まあこんなものだろうと笑っておられました。

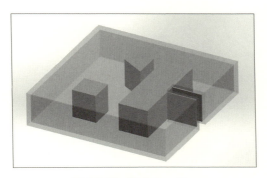

図 2.5.25　Bさんモデル

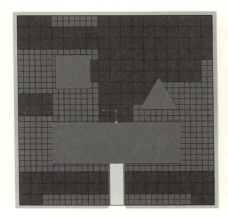

図 2.5.26　Bさんメッシュ

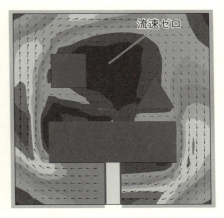

図 2.5.27　Bさん流速分布

③Cさんの解析
　四角と丸の組み合わせでしたが、丸の位置がもう少し下でしたね。そうすれば四角と丸の間を水が流れゴミ模様がもっと実験に近づいたと思われます。

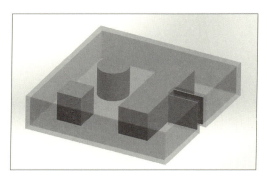

図 2.5.28　Cさんモデル

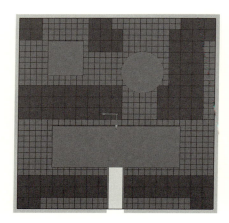

図 2.5.29　Cさんメッシュ

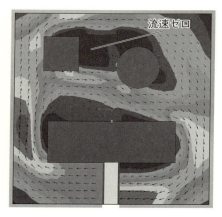

図 2.5.30　Cさん流速分布

第 2 部　実測と CAE の比較・検証

④ D さんの解析

　六角柱だけの挑戦でした。これも六角柱の位置による差だと思われます。位置による流速分布への影響はもっと何度も計算してみて、始めて納得できるものでしょう。

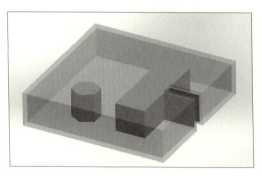

図 2.5.31　D さんモデル

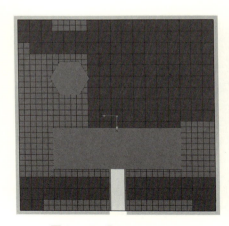

図 2.5.32　D さんメッシュ

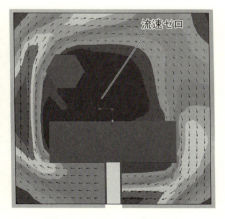

図 2.5.33　D さん流速分布

2.5.5　考察

　持っている解析ソフトは徹底的に使いこなす。解析対象ではない現象でも、無理矢理手持ちのソフトで計算させる。これが私のポリシーです。そのためには強引な仮説（あらかじめ、違いが出ることを予測した仮説と検証）、解析モデルの作成、適切な結果判断も必要になります。

　今回借用した、自由界面を扱えない流体解析ソフト SOLIDWORKS Flow Simulation を、水槽に溜めた水を水中モーターでかき回す実験に適用してみました。使い方によっては、そこそこ使い物になることを理解してもらえたかと思います。

　実験で難しかったのは、水面の可視化でした。準備不足だったのは否めません。再挑戦したいと思っています。ただ、沈んだ浮遊物が逆に流速ゼロを示してくれたのは幸いでした。

　解析で難しかったのは、木製ブロックの位置決めでした。一人ひとりが適当に配置した実験だったので、解析モデルでの配置もこんなところ、という感じでやりました。本当は、実験も何度も実施し、その位置を正確にモデルに反映させ、しかもわざとずらしたりして、比較する必要がありました。実験はこうだが、解析ではこうすればよい、というのを見つけるためです。時間の関係で、行き当たりばったりの一回限りの実験を解析ソフトでトレースするのは無理な相談でした。これをきっかけに参加者が自分の CAE ソフトを得心いくまで使い込んで下さることを願います。

実測と CAE で何が異なるだろうかと想定してから、CAE をうまく使うことが必要やで。

第6章　手振りによる共振の体感（振動編）

2.6.1　実験の目的

　耐震設計の基本は地震波に共振しないことです。地震波にはパワーを持つ振動数というものがあります。今までの著名な地震を調査した結果、その恐い振動数は5〜15Hzとされています。従って、耐震の一応の目安は構造物の固有振動数を15Hz以上にすることです。ではなぜ共振を避けるのでしょう。そこでわざと共振させてみようと考えました。それも自分の手で共振させ、どんな手触りかを参加者のみなさん一人ひとりに体感してもらおう、という訳です。

　共振のイメージを**図2.6.1**に示します。加振の振幅は小さいのに加振される側はどんどん振幅が大きくなり、ついには破壊に至ります。おそらくみなさん、頭ではわかっておられると思いますが、果たしてどうでしょうか？

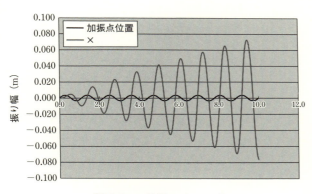

図2.6.1　共振のイメージ

2.6.2　実験に必要な機材・設備とセッティング方法

本実験に使用する機材は次の通りです。

・振動台

板の四隅にキャスターを付け、左右に振れるようにしました（図2.6.2参照）。中央に薄い鉄板の振り子を吊り下げ、これを共振させます。動力はもちろん自分の手です。振り子の第一次固有振動数は約 1Hz に設計しました。これなら人の手でも共振可能でしょう。

図 2.6.2　手振り振動台

・振り子

肉厚ほぼ 0.5mm の鉄板で図 2.6.3 のような振り子を作ってもらいました。ほぼ、というのは、その辺にころがっている材料でよいよ、という発注だったからです。鉄板だけだとぺらぺらで安定しなかったので、$40 \times 40 \times 3\ [\mathrm{mm}^3]$ の鉄板二枚で挟み重しにしました。

全長は約 30 [cm] です。

図 2.6.3　振り子

- ひずみゲージ

　フォトロンさんの装置が映像と電気信号を同時に取り込み、同期して再生できることがわかって、振り子にひずみゲージを貼ることにしました。ひずみゲージは図 2.6.4 に示すようなごく一般的なものにしました。

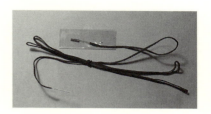

図 2.6.4　ひずみゲージ

- ゲージアンプ

　ひずみゲージからの微弱な信号を増幅し、データロガーで取り込めるよにするのがアンプです。本来非常に高価なものですが、ネットで見つけたのが図 2.6.5 の教育用ゲージアンプです。まさにアカデミック価格。

　しかもけっこう優秀で、動ひずみにちゃんと対応してくれました。

図 2.6.5　ひずみゲージアンプ

2.6.3　実験開始から終了まで

振り子およびひずみゲージは一人 1 本配布しました。ひずみゲージを貼ったことがない参加者が意外に多く、ちょっと衝撃を受けました。

実験手順を示します。
1)　振り子にひずみゲージを貼る。
2)　振り子を振動台に取り付ける。
3)　少し離した 2 台の机に跨がるように振動台を置く。
4)　ひずみゲージをアンプに繋ぐ。

5) 撮影開始。
6) 手振り開始。
7) 実験者のストップで撮影終了。
8) 実験者の希望範囲で動画ファイル作成。
9) 映像確認。

「振動」っていうとすぐに加速度ピックアップなどの測定計を想像すると思うけどひずみゲージでも十分、振動は測れるんやで。

少し補足します。
1) ひずみゲージ

　　好きな場所に貼ってもらいました。基本は固定点の近辺ですが、何事も経験だと細かいことは言わずにおきました。くれぐれも注意したのは、瞬間接着剤を直に指で押さえないように、ということでした。もしも言うことを聞かない参加者がいたらどうしょう、と心配していましたが、幸い、誰も自分の指を振り子にくっつけた人はいませんでした。

4) ゲージをアンプに

　　ゲージから出ている二本の導線をアンプの所定の箇所に取り付けるのですが、狭いところなので結構苦労されている方が多かったです。何かを測定するのは大変だ、ということはわかってもらえたようです。アンプからカメラのデータロガーへの接続は私とフォトロンさんとで事前にやっておきました。

5) 6) 7) 共振撮影

これが大変でした。なかなか共振しない。みなさん、最初は共振の定義を忘れてブランコをこぐように振り子を振り回して机の裏に重りをぶつけていました。そのたびに「共振は位相が180度ですよ」との注意と図解が必要でした。人が変わる度に何回か私もやってみせました。実はけっこう集中力が要ります。目は重りに、手は振動台に集中。目指すのは重りが左に行く瞬間に手は右、重りが右にもどる瞬間に手は左に動かすという逆の動きでした。まさに共振した瞬間に手には予想もしない荷重がかかります。それを体感した参加者は一様に「おっ」「あっ、わかった」と言ってくれました。これぞ「アハ」体験。でもどうしても「わからん」という方もおられました。

9) 映像確認

ここからは参加者の内三人の実験映像を紹介します。ひずみゲージを貼ったおかげで動ひずみが取り込め、右半分にひずみの時間変化と左半分にその時点の映像が表示されます。振れがわかるように三枚の画像にしました。

① Aさんの実験

　この方は比較的長く共振状態を維持されました。「力要るな」という感想をいただきました。ひずみグラフも綺麗に漸増しています。

うまく計測
できてそうやなぁ。

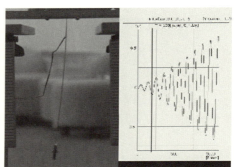

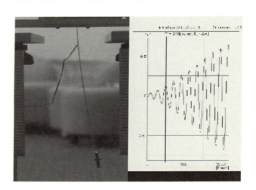

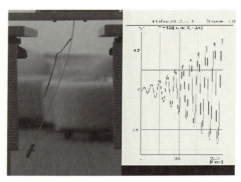

第 2 部　実測と CAE の比較・検証

② B さんの実験

　この方は共振したとたん、手が力負けしてしまいました。動画だと、重りの逆方向に振動台を持って行こうとして引っ張られる様子がよくわかるのですが、静止画では無理ですね。ひずみグラフにもその様子は出ているのですが、それとわかって見ないと「？」というところでしょう。

　ほとんどの参加者は B さんのようになりました。

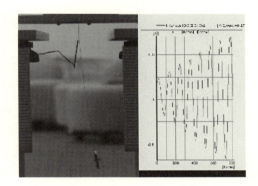

うーん。
難しいかぁ…

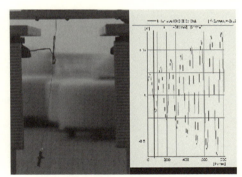

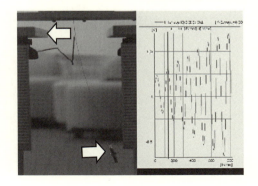

③Cさんの実験

この方は最後までブランコ状態でした。

これも難しそうやなぁ。

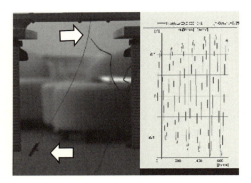

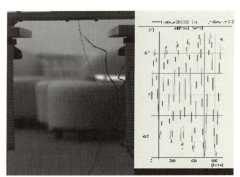

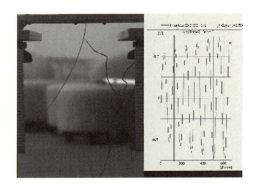

2.6.4 実験内容のCAE（固有値解析）でのトレース

手振り実験は各人まちまちになりましたが、人の手なので仕方ありません。しかし、解析結果はみなさんまったく同じになりました。これが解析のよいところです。解析モデルは私が前もって作ったものを使い、拘束条件、材料物性、メッシュはインストラクターさんの指示通り。同じにならない方がおかしい。もし同じにならなかったら、設定ミスか、ソフトのバグか、OSのいたずらか、です。自分の設定に絶対の自信があれば、パソコンの電源をオフオンしてもう一度計算をしましょう。きっと同じになります。

解析手順を示します。
1) 解析モデルの読み込み。
2) 解析の種類に固有値を指定。
3) 材料物性に合金鋼を指定。
4) 振動台との接続面を完全固定。
5) メッシュ作成。
6) 計算実行。
7) 結果表示。

補足説明をします。
1) モデル

振動台を手で動かして共振させるという、明らかに動的実験だったわけですが、ここでは固有値解析をします。従って振動台のモデル化はしていません。振り子の部分だけです。それも固定用の孔は無視しました。変に細部に拘ってメッシュが細かくなるのを避けるためです。モデルは図 2.6.6 に示します。

図 2.6.6　解析モデル

2) 固有値解析指定

何も指示しなければ 5 個の固有振動数とその変形モードを出してくれます。特殊な場合として 20 [kHz] 近辺に固有値を捜すこともありますが、今回は手振りなので一番小さい固有値に興味があります。

4) 接続面固定

固定箇所で固有値に差が出ます。その差がどの程度かをわきまえて、今回はこれや、と決めました。業務でするときは依頼者にきちんと説明できるようにしないといけません。**図 2.6.7** に設定画面を示します。

図 2.6.7　完全固定

5) メッシュ

1 クリックでソフトにお任せです。

できたメッシュを**図 2.6.8**、**図 2.6.9** に示します。固有値解析なのでこれで十分と判断しています。

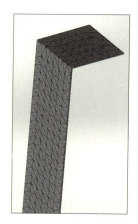

図 2.6.8　上部

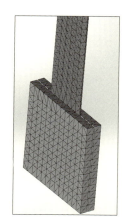

図 2.6.9　下部

第 2 部　実測と CAE の比較・検証

7)　結果表示

　　　実験は大変でしたが、解析は全員同じでした。それを紹介します。

　固有値解析の結果は必ずアニメーションで見るよう、普段は指導しています。ここでは印刷物なので、一見アニメに見えるようにアニメーション表示から二コマ取り出し、それを重ねて各振動モードを表示しました。

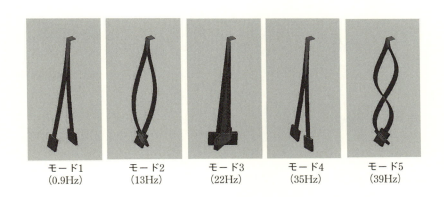

モード1　　　モード2　　　モード3　　　モード4　　　モード5
(0.9Hz)　　　(13Hz)　　　(22Hz)　　　(35Hz)　　　(39Hz)

　CAE ソフトは機械的に計算するので、動的な判断は解析者が下す必要があります。モード 3 とモード 4 は除外されます。左右に振っているのでこんなモードは出ません。また、モード 5 は固有振動数が 39Hz となっています。人の手では不可能な数字ですので、これも除外します。

　私たちが興味を持つのは、モード 1 とモード 2 です。普通の人ではモード 1 しか縁がありませんが、過去一人だけモード 2 を出した参加者がおられましたので、あえて含めました。

　このモード表示ですが、もし共振したらこんな風に振れるはず、という形状を出しているだけです。本当に 1Hz で振動台を動かしたらどうなるかは、このソフトでも可能です。それは動解析になります。やってみましたので、簡単に紹介しておきます。

　固有値解析での固定箇所に Sin カーブにのっとって ±5mm の変位を与えま

した。解析時間は 0〜2 秒としました。

動画では出せないので、図 2.6.10 に何コマかを重ねて一枚にしてみました。加振箇所より重りの方が大きく動いていました。固有振動数は 0.9Hz、加振は 1Hz なので理論的には振れ幅が大きくなったり小さくなったりというハウリングが起きるはずですが、時間的にやっていられませんでした。2 秒間の計算ですが、私個人のちょっとましなパソコンで 15 分掛かっていました。みなさんが実行されるときは、一晩かけるつもりでいて下さい。

図 2.6.10　動解析

2.6.5　考察

共振現象を自分の手で体感してもらおうという目的はだいたい達成できたかと思っています。たまにどうしても体感できない方がおられましたが、ぜひまた参加してもらって、「アハ」体験されることを奨めます。

ほとんどの方が、共振できた瞬間それまでなかった力で重りが振動台すなわち自分の手を「ぐっ」と持っていく感じを受けたはずです。それが「あっ」とか「おっ」とかの発声につながったのです。

固有値解析でも動解析でも、この「おっ」という感じは得られません。ここに実験の重要性があります。体が現象を覚えていたら、生々しい感覚をもってパソコン画面の解析結果を的確に判断できるでしょう。

共振とはエネルギーを吸い取る現象です。共振することで加振源のエネルギーを吸い取ってしまえば、それ以上のダメージは回避できます。恐いのは地震のように無尽蔵なエネルギーを持つ加振源です。吸っても吸っても共振状態は続き、ついに破壊に至る。従って耐震設計の基本は共振を避けるのです。

第 2 部 実測と CAE の比較・検証

第 7 章　鉄橋模型の大変形 （材料力学編）

2.7.1　実験の目的

　何かものを「ぐにゃ」と曲げるとき、どこまで線形解析で追いかけられるものか、試してみようと思いました。ただの鉄板を曲げるのでは芸がないので、**図 2.7.1** に示すような鉄橋模型を作りました。これは設計時のイメージです。三角形構造なので結構強いはずです。この鉄橋の底辺両端を支持して、中央に体重をかけることにしました。

図 2.7.1　鉄橋模型イメージ

せっかく潰すので、映像とともにひずみの動きも見ておこうと思います。きっと急に変化するところがあるに違いありません。

　ここで線形解析と非線型解析の整理をしておきましょう。**図 2.7.2** は解析で扱う典型的な物性の例です。実際の引っ張り試験結果はこんな単純ではありませんが、だいたいの計算をするのにはこれで十分です。線形解析は力をかけていって、ひずみと応力が比例するという前提で

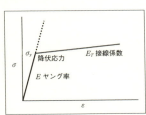

図 2.7.2　解析上の物性

計算します。すなわち比例定数 E（ヤング率）に沿って応力が増大し、降伏応力に達してもそのまま比例関係が続く計算を進めます。非線形解析は降伏応力までは比例で計算しますが、降伏点からは別の比例定数 E_T（接線係数と呼びます）で計算をします。急に応力の増大が止まり、その代わりにひずみだけがどんどん大きくなっていく、という訳です。これが「ぐにゃ」です。このように二つの比例定数を使うことをバイリニアと言います。これが一番簡単な非線形解析です。ただし簡単とは言っても非線形解析は非常に時間がかかります。正

直できるものなら避けたい解析です。それもあって、この実験のトレースは線形解析で実施します。

2.7.2　実験に必要な機材・設備とセッティング方法

本実験に使用する機材は次の通りです。

- 鉄橋模型

　　潰すものがなくては始まりません。厚み1［mm］、幅20［mm］の鉄板3枚を折り曲げ、アーク溶接で作ってもらいました。少し強すぎたきらいがありました。

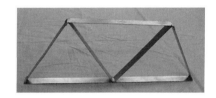

図 2.7.3　実物の鉄橋模型

- ひずみゲージ

　　見たい箇所にひずみゲージを貼り、そこのひずみを動的に記録します。前章の手振り共振で使ったのと同じものです。図 2.6.4 を参照して下さい。1チーム4本使用します。

- ゲージアンプ

　　これも前章で使った教育用ゲージアンプです。図 2.6.5 を参照して下さい。今回はひずみゲージが4本なのでアンプも4台使用します。

- 枕木

　　少し離した机に鉄橋模型で橋渡しし、それを全体重で「ぐにゃ」とやるので、机に傷を付けないよう図 2.7.4 に示す木片を用意しました。

図 2.7.4　枕木

・金棒

　体重をかけて潰すので頑丈な金棒を用意しました（図 2.7.5 参照）。テント設営に使う金串です。大の男がぶら下がってもびくともしません。鉄橋模型との位置関係は図 2.7.6 に示すように、鉄橋中央部に直角に置きます。

図 2.7.5　金棒

図 2.7.6　位置関係

2.7.3　実験開始から終了まで

　原則 4 人でチームを作ってもらい、鉄橋模型に 4 本のひずみゲージを貼ってもらいました。貼る位置はチームで相談して決めることにしました。今回貼る位置によっては非常に危ない（瞬間接着剤で模型に指がくっつく）状況になったりしましたが、なんとかそのような事態は避けられ、安心しました。

　チーム構成の指名は私が適当にやったのですが、みなさん自己紹介から入り、大人の集団だったなと感心しました。

　「ぐにゃ」と潰す実験なので、チーム内で一人、できるだけ腕力の強い人を代表に選んでおいてもらいました。

　実験手順を示します。
1)　鉄橋模型にひずみゲージを貼る。
2)　人の肩が入る程度に離した 2 台の机に跨がるように模型を乗せる。
3)　模型と机の間に枕木を挟む。
4)　ひずみゲージをアンプにつなぐ。
5)　金棒を通して両手をかけてスタンバイ。

6) 撮影開始。
7) 体重を掛けて「ぐにゃ」のところで撮影終了。
8) 変形を見ながら範囲を決めて動画ファイル作成。
9) 映像確認。

少し補足します。
1) ひずみゲージ4本

　　図 2.7.7 はあるチームの貼り付け状況です。貼る位置にだいぶ議論があったようです。貼りたい場所に指が入らず、やむなく位置を変えることもありました。自分のゲージを貼るときに先に人が貼ったゲージを押さえそうになり、危ない場面もありました。本数が多いと気を遣います。

図 2.7.7　鉄橋模型とひずみゲージ

2) 3)　模型の設置

　　机の間を模型の底辺がぎりぎり届くような距離にしました。体重をかけるのに人が潜り込めるようにしたのです。枕木を机と模型の間に置くのですが、その位置関係に私からの注文がありました。

　　図 2.7.8、図 2.7.9、図 2.7.10 を見て下さい。はみ出したり、端ぎりぎりに置いたり、真ん中辺に置いたり、各チームで選んでもらいました。せっかく何個か模型を潰すのですから、同じ事をやっても面白くないでしょう。

図 2.7.8　はみ出し　　図 2.7.9　端ぎりぎり　　図 2.7.10　真ん中

4) アンプに接続

　　ひずみゲージ 1 本にアンプが 1 台必要です。アンプとデータロガー、アンプとひずみゲージを接続するときにアンプが動くので、私の手作りでアンプ固定板を用意しました。アンプの下面に 4 本の足が出ていたのでそれが嵌まる孔をあけ、クランプで止めました。図 2.7.11 にその様子を示します。不格好ですが、とりあえずは接続に支障はなくなりました。

図 2.7.11　ゲージアンプ群

5) 6) 7) 「ぐにゃ」撮影

　　鉄橋模型が思いの外強かったため、つぶせないチームがありました。代わる代わるやってもらいましたが、模型はびくともしませんでした。他のチームが終わった後、あっさり潰した人に頼んでそのチームの模型も潰してもらいました。けっこう力だけではない「コツ」があったみたいです。

8) 9)　結果確認

　　典型的な2チームの結果を見てもらいます。動画で見るのが一番なのですが、今回は分解写真にしてみました。①②それぞれの上が変形形状、下が4本のひずみゲージの時間経過です。どちらのチームの結果も、目に見える変形が始まれば、ひずみゲージの信号が場所により振り切れているのがわかります。また振り切れない信号も複雑な動きをしていることが見られます。これが実現象です。

第 2 部　実測と CAE の比較・検証

① A チームの実験

　鉄橋模型の上辺が上に曲がりました。枕木の位置関係は「真ん中」でした。

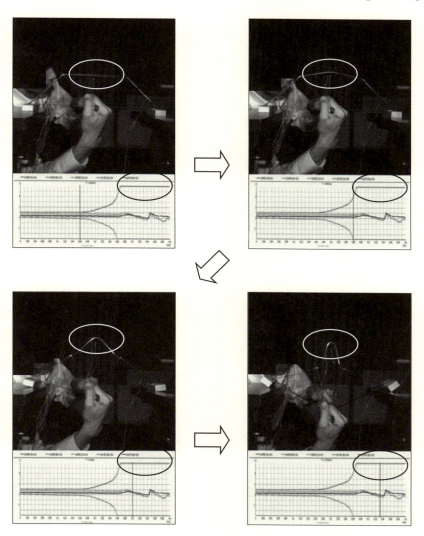

105

②Bチームの実験

鉄橋模型の上辺が下に曲がりました。枕木の位置関係は「はみ出し」でした。

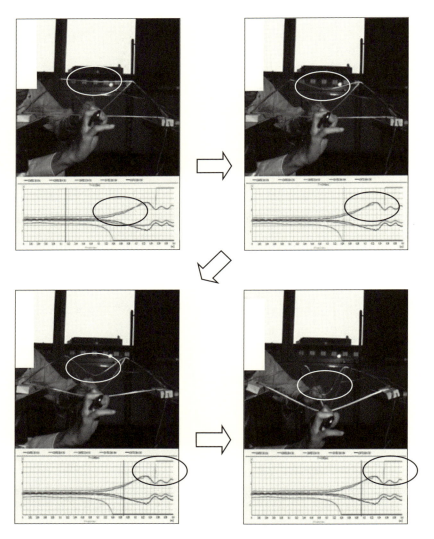

第 2 部　実測と CAE の比較・検証

マウスしか持ったことのない柔（やわ）なチームにはいささか酷な、かなり力の要る実験でした。「ぐにゃ」後の変形形状を改めて見ておきましょう。

図 2.7.12 が A チームの結果、図 2.7.13 が B チームの結果です。図 2.7.14 に示す、元の形状からは想像もできない大変形でした。ついでに「端ぎりぎり」チームは A チームと同じでした。

図 2.7.12　A チームの変形

図 2.7.13　B チームの変形

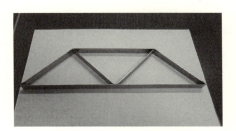

図 2.7.14　元の形状

2.7.4　実験内容の CAE（線形静解析）でのトレース

図 2.7.12 や図 2.7.13 のような変形の最後まで計算で出そうなんて無謀なことは今回は行っていません。実験画像のひずみゲージの時間経過をよく見ると、初めは直線的に小さな傾きで変化していることがわかります。この部分が線形範囲の変形（目には見えない）だろうと想像がつきます。ここに焦点を絞って CAE（線形静解析）での挑戦をしようと思います。挑戦してくれるのは、実験を紹介した A、B の 2 チームです。

解析モデルについてですが、実物では絶対あり得ない対称モデルを採用したいと思います。**図 2.7.15** が私の作った解析用ハーフモデルです。これに対称拘束を付ければ、フルモデルと同じ結果が得られます。ハーフモデルのよいところは、メッシュ数が半分になることと、拘束条件、荷重条件が設定しやすいことです。

図 2.7.15　ハーフモデル

今回、線形静解析と言いながら接触条件が不可欠ですので、計算時間節約のためにもハーフモデルがお奨めです。

　解析結果の評価方法もここで決めておきましょう。実験でははっきり「ぐにゃ」とやりましたが、線形静解析ではそれは望めません。かなり拡大表示して、枕木との関係で鉄橋モデルの上辺がちょっとでも上もしくは下に動く気配でも見えれば、解析は成功と見做したいと思います。

　解析手順を示します。
1) ハーフモデルの読み込み。
2) 枕木の位置設定。
3) 解析の種類を静解析に指定。
4) 材料指定。
5) 対称条件設定。
6) 発散回避のため一点強制拘束。
7) 枕木の底面固定。
8) 枕木の上面とモデルの底辺下面に接触条件設定。
9) 体重設定
10) メッシュ作成。
11) 計算実行。
12) 結果表示。

第2部　実測とCAEの比較・検証

少し補足します。
1) 2)　モデルの枕木の位置

　　Aチームは「真ん中」（図 2.7.16）、Bチームは「はみ出し」（図 2.7.17）。枕木は部品として作っておいたので、位置合わせはインストラクターさんに指導してもらいました。2チームの違いはここだけです。

　　図 2.7.16　「真ん中」　　　　　　図 2.7.17　「はみ出し」

3)　解析の種類は静解析

　　線形静解析と言っていますが、線形材料での静解析という意味です。

4)　材料指定

　　実物は鉄と木材ですが解析上では全部合金鋼にしました。実験後枕木の表面を見ましたが、特に凹んではいなかったので、鉄扱いにしました。

5)　対称設定

　　メニューのどこにこの設定コマンドがあるのか知っていないとできません。インストラクターさんが我慢強く何度も、SOLIDWORKS Simulationでの設定個所と具体的にどのような拘束になっているか、その意味を解説してくれました。

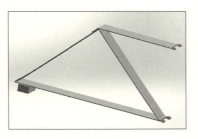

図 2.7.18　対称面設定

「対称条件」の拘束は、SOLIDWORKS Simulation の「拘束設定」手動で行うこともできます。大まかに言うと、半分に切られた断面は、立体(ソリッド要素)の場合、その断面が含まれる平面内でしか移動できません。
一度、試してみてください。

6) 発散回避のための固定

　どこかが完全固定されていれば、こんな処置は不要なのですが、接触を使うので計算が不安定になります。解析上の処置と理解して下さい。図 2.7.19 の矢印方向だけ止めます。

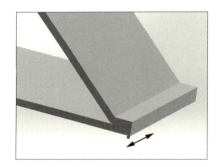

図 2.7.19　強制変位ゼロ指定

7) 枕木固定

　実験画像でわかるように、実際は枕木も机に乗っているだけですが、大変形まで解析する訳ではないので枕木の底面を固定しました。

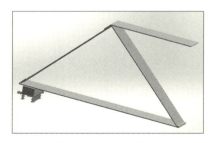

図 2.7.20　固定設定

8) 接触設定

これが一番の眼目です。枕木の上面と鉄橋モデルの底辺下面に接触設定をします。枕木を鉄橋モデルの幅より少しはみ出させてあるのは面の選択を容易にするためです。これも条件設定を頭に置いたモデル化のテクニックの一つです。

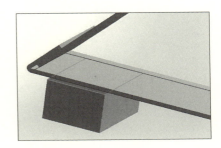

図 2.7.21　接触セット

9) 体重

モデルの底辺中央部に下向きに 20kgf の力をかけます。

ハーフモデルなのでフルモデルの 40kgf にあたります。

上行くか、下へ行くかがわかればよいので、適当です。金棒はモデル化していません。

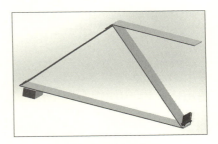

図 2.7.22　体重設定

10) メッシュ

おなじみ、クリック一回のお任せメッシュです。折れ曲がっている箇所のメッシュがいささか気に入りませんが、微小変形計算なので、結果に大きな影響はないと判断します。

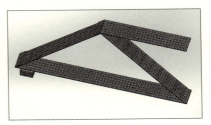

図 2.7.23　メッシュ

11) 12) 計算実行、結果表示

　　　接触が入っているので、単なる静解析より時間がかかりました。とは言え、コーヒー一杯飲む時間くらいで計算は終了しました。

それではAチームとBチームの計算結果を見ましょう。

① Aチームの解析

図2.7.24　Aチームモデル

図2.7.25　上へ行ったぞ

② Bチームの解析

図2.7.26　Bチームモデル

図2.7.27　下へ行ったぞ

2.7.5 考察

　実験とCAE（静解析＋接触）とがものの見事に一致しました。「見事」とは言っても、100倍ほどに拡大表示した変位が、モデル上辺の曲がりが上か下かを示唆しただけですが、気持ちのよい一致であったことは違いありません。大変形に対しても線形静解析が活用できることが証明されたと言えます。

　実験では簡単に「ぐにゃ」までいけますが、解析ではここまでが関の山です。しかし、解析では必ず上か下か、同じ結果になりますが、何度か実験しましたが、実験では必ずしも同じにはなりませんでした。下に行くはずの「はみ出し」でも上に行ったりしました。これは実物ではハーフモデルがあり得ないことと関係しているものと考えます。鉄橋模型と枕木の位置関係が左右まったく同じにならないことは、実際にセットしてみればわかります。また、金棒で体重をかけるとき、鉄橋模型が机ごとずれたりもしました。解析は一回でよいですが、実験は相当回数実施する必要があります。思わぬ誤差がいっぱい入ってくるのが実験だからです。ましてや人力だから、なおさらです。

　解析の検証に実験は不可欠ですが、実験の検証にも解析が不可欠だということがわかっていただけたものと思います。

　実はもう一つ実験「ぐにゃ」をやっています。ハーフモデルでの解析を紹介したかったため、ここでは省略しましたが、枕木の位置を左端「真ん中」、右端「はみ出し」にして同じ方に潰してもらいました。すると鉄橋模型からものすごい抵抗を受けました。まだ説明できる解析ができていません。もしかしたら大発見かもしれません。いつか紹介したいと思っています。

鉄橋の上辺は「座屈（圧縮）荷重」を受けています。ちょっとした固定、力のかけ方の違いで、どちらに変形するかわからないのです。

第 8 章　手回しによる共振モードの変遷（振動編）

2.8.1　実験の目的

　ものを揺すると固有振動数と振動モードが無限に出てきます。私たちが興味を持つのは、そのうちの低い固有振動数から数えてせいぜい 10 個くらいです。今回は手振りではなく、手回しでその振動モードを見ようと思います。本当に固有振動数のところでしか振動しないのか、振動モードがどのように変遷していくのか、また何モードまで出せるのか、参加者自身の手と目で見ていただこう、というのが本章の目的です。CAE は例によって SOLIDWORKS Simulation の固有値解析になります。固有値解析では無限に固有振動数を出すわけにはいかず、前もって何モードまでという指定が必要です。ただ指定したすべてのモードが実際に出るかどうかは解析者が判断しないといけないのは第 6 章の手振り共振のときに説明した通りです。

2.8.2　実験に必要な機材・設備とセッティング方法

本実験に使用する機材は次の通りです。

- 手回し振動台

　　手振りでは 1Hz がせいぜいで、しかも振幅一定が無理でした。そこで今回は振幅一定で 40Hz くらいまで出せるように大小のプーリー（溝付き円盤）と O リングを組み合わせ、図 2.8.1 に示すような振動台を作りました。さすがに素人細工というわけに行かず、昔から知り合いの金属加工屋さんに頼みました。その時の打ち合わせメモを図 2.8.2 に示します。図面じゃないのです。私が口頭で「ああしたい、こうしたい」と言うのを聞きなが

ら、鉛筆と消しゴムで書いたり消したり、「こんなところでしょう」とできあがったのが設計メモです。「振動台に使う部材は倉庫に転がってるものを使います」「ベースは透明にしてや」ということで、図 2.8.1 の大プーリー 1 回転で小プーリーが 4 回転する振動台が納入されました。手直しするところは一切無く、ゴムの足だけ追加してもらいました。机に傷を付けないためです。以来、振動の講習会で愛用しています。これが町工場（まちこうば）の仕事ぶりです。CAD じゃ、こんな器用なことはできません。

図 2.8.1　手回し振動台

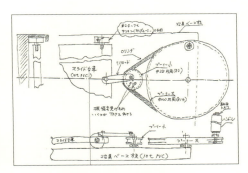

図 2.8.2　振動台設計メモ

・振り子 3 種類

　　長さの違う振り子を 3 種類、用意しました。振動台には 3 本取り付けられるようにしてあります。これを同時に振れば、近い周波数でいろんなモードが見られるのではないかと考えました。

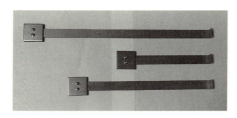

図 2.8.3　振り子大中小

- ひずみゲージ

  いつものひずみゲージを準備しました。

- ゲージアンプ

  意外に使いやすい手製のアンプ固定板に今回は3台の教育用ゲージアンプを並べました。

2.8.3　実験開始から終了まで

手回し振動台は一台しかありませんが、振り子取り付け板を数枚準備しておいたので、3人一組でゲージ貼り付けから振り子の取り付けまでをしてもらいました。リピーターが何人かおられて、ひずみゲージが初めての方の指導をされていました。私の出番は必要なかったです。

実験手順を示します。
1) 振り子を3本選択。
2) 振り子にひずみゲージを貼り付け。
3) 取り付け板に振り子をねじ止め。
4) 振り子の付いた取り付け板を振動台にねじ止め。
5) ひずみゲージをアンプに接続。
6) 大プーリーの把手に手を掛けてスタンバイ。

7) 撮影開始。
8) 回転（ゆっくりと、徐々に速く）。
9) 手が止まったところで撮影終了。
10) 範囲指定して動画ファイル作成
11) 映像確認

少し補足します。
1) 2) 3)　振り子選択、ゲージ貼付、取り付け

　　　3本とも同じ振り子を選ぶのは禁止です。面白かったかもしれませんが、隣同士に同じ長さが並ぶと重りがぶつかることが事前にわかっていました。一人一枚のひずみゲージは毎度のことです。今回経験者が何人かいたのでゲージ貼りはスムーズに済みました。取り付けは隣に必ず長さの違う振り子を配置してもらいました。

4)　振り子を振動台へ

　　　これが一番やっかいでした。振り子取り付け板の下に開いている矩形の孔が意外に小さく感じられ、ゲージのコードも邪魔でした。ゲージが外れて後回しになったチームもありました。

5)　ゲージ接続

　　　ひずみゲージとアンプの接続は今回も一苦労しました。アンプとデータロガーの接続線は私が前もってつないでおきましたが、ゲージとアンプは参加者自身でつないでもらいました。導線を差し込む口が小さく、ネジを右に回すのか左に回すのか、戸惑う方が多かったです。結局、私が全部チェックすることになりました。

6)　スタンバイ

　　　緊張されても困るのでちょっと練習で回してもらいました。チームで

の作業でしたが、一人ひとりで回してもらう旨、伝えました。

8) 回転

最初はごくゆっくり、だんだん回転数をあげてもらい、最後は全力で回してもらう。イメージとしては図 2.8.4 のように滑らかに回転数を上げていって欲しかったのですが、なかなか難しかったようです。

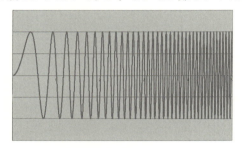

図 2.8.4　振動数増加のイメージ

10) 動画ファイル作成

回し初めから全力回転まで、特に指定しなくても撮影係さんが「ここからここまでですね」と簡単に決められるくらい範囲ははっきりしていました。なんせ全力回転は突然終わるので、そこからの逆算です。

手振りのときと違って共振を感じる余裕はなかったです。振り子の引張り返す力より回転力の方が断然強かった、ということでしょう。

11) 映像確認

一人ずつ参加者全員に回してもらいましたが、ここからは事例をふたつ見ていただきます。振動はアニメーションで見ないと微妙な動きがわかりませんが、何枚かの静止画でご勘弁下さい。できるだけ特徴のわかる場面を取り込んだつもりです。初めの例は今回のようにひずみゲージを貼った場合、次の例はひずみゲージを貼らずにしっかり映像を撮ってもらった場合です。

第2部　実測とCAEの比較・検証

①ひずみゲージ付き

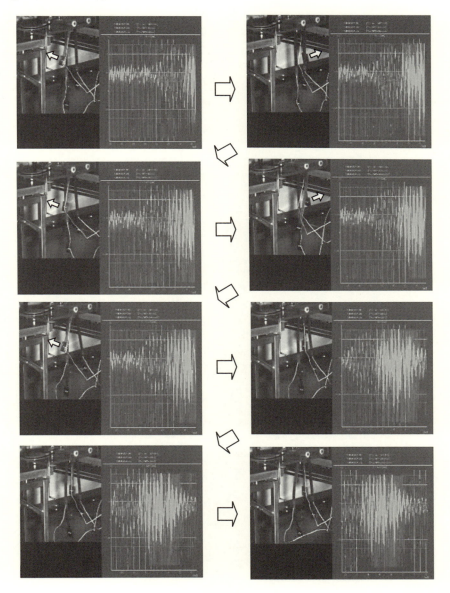

②ひずみゲージなし

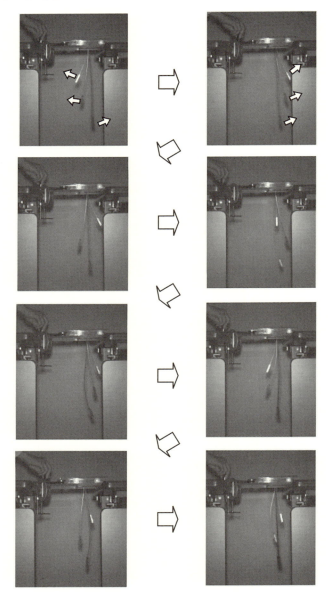

せっかく取ったひずみ信号でしたが、その後の分析はしていません。なにか変化しているのはわかりました。またの機会に挑戦したいと思います。

映像を何度も見て確認出来たモードは次の通りです。

振り子「大」　2次モード
振り子「中」　1次モード、2次モード
振り子「小」　1次モード

振り子「大」の1次モードは出なかったようです。

2.8.4　実験内容のCAE（固有値解析）でのトレース

本章の実験は何度か実施してきましたが、解析モデルは常にいっしょで、図2.8.5に示します。振動台のモデル化はしていません。ただ、振り子の取り付け板はモデルに入れました。連結させることで単独の解析とは違うモードが出るかもしれないという期待からです。大中小の振り子の位置を変えたいチームは、インストラクターさんが指導しました。第6章の手ぶり共振の時と同じく、取り付け孔は全部省略しました。

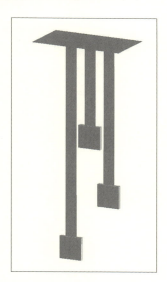

解析手順を示します。

図2.8.5　3連振り子モデル

1) 解析モデルの読み込み。
2) 大中小の振り子の位置を実験に合わせる。
3) 解析の種類に固有値を指定。

4) 算出する固有値数を 10 個にする。
5) 材料物性に合金鋼を指定。
6) 振り子取り付け板の長辺面を完全固定。
7) メッシュ作成。
8) 計算実行。
9) 結果表示

補足説明をします。
1) 2)　解析モデル設定
　　3DCAD に慣れている方にはなんでもないことですが、振り子の移動にはインストラクターさんが大忙しでした。

3) 4)　固有値解析指定
　　なにも指定しなければ、固有値数は 5 個です。5 個では実験で発現したモードが見られないと思い、10 個を指定してもらいました。これも一種の「カン」です。

6)　拘束条件
　　実際には手回しの回転運動を往復運動にしてカタカタ動かした訳ですが、固有値解析ではその動かす箇所を固定します。取付板と振動台は 4 箇所ネジ止めですが、図 2.8.6 のように長辺の幅 0.5［mm］の面を固定しました。

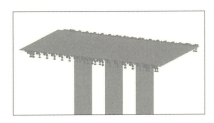

図 2.8.6　完全固定

　　メッシュを減らすためにネジ孔を省いた結果です。取り付け板上面を全部固定しなかったのは、取り付け板の影響で出るモードを消したくなかったからです。

第 2 部　実測と CAE の比較・検証

7) メッシュ

おなじみの 1 クリック（デフォルト設定）です。図 2.8.7 をごらん下さい。

まあ、こんなものでしょう。

本当はもっと粗く、かつ直方体で切りたいのですが、それは高級なメッシャーをお持ちの方に任せます。

最近は、自動メッシュ機能も向上しているなぁ。
これなら、思惑通りの解がでるやろ。

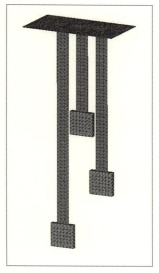

図 2.8.7　メッシュ

8) 計算

意外に早く終わりました。ちょっと拍子抜けしたくらいです。

9) 結果表示

私が実施した解析例を紹介します。固有値数を 10 個としました。振動数さえわかればよいや、10 個もアニメーションで見ていられないと図 2.8.8 のリストでお茶を濁してはいけません。このリストはあくまでも計算上の結果であって、今回の手回し実験では決して発現しないものも含まれている可能性がある

スタディ名:固有値 1			
モード次数	振動数(Rad/sec)	振動数(Hz)	周期(秒)
1	5.6711	0.90259	1.1079
2	9.2533	1.4727	0.67902
3	18.828	2.9965	0.33372
4	84.043	13.376	0.074761
5	92.459	14.715	0.067957
6	139.34	22.177	0.045091
7	139.78	22.247	0.044951
8	148.77	23.677	0.042235
9	168.76	26.859	0.037232
10	226.69	36.078	0.027718

図 2.8.8　振動数リスト

のです。必ず全モードをアニメーションで確認して下さい。ここではモードの分解写真を合成してお見せしていきます。

第1モード
(0.9Hz)

第2モード
(1.4Hz)

第3モード
(2.9Hz)

第4モード
(13.3Hz)

第5モード
(14.7Hz)

第6モード
(22.1Hz)

第7モード
(22.2Hz)

第8モード
(23.6Hz)

第9モード
(26.8Hz)

第10モード
(36.0Hz)

揺らしていない方向の振動は起こりません。
(ちょっとしたバランスのずれでねじりは発生するかもしれませんが…)

　固有値解析では固定条件しか考慮されません。振る方向は無視されます。実験を頭において、発現するはずの振動モードを抽出しましょう。
　次の5個になります。

- 第 1 モード（0.9Hz）…振り子「大」の第 1 モード
- 第 2 モード（1.4Hz）…振り子「中」の第 1 モード
- 第 3 モード（2.9Hz）…振り子「小」の第 1 モード
- 第 4 モード（13.3Hz）…振り子「大」の第 2 モード
- 第 8 モード（23.6Hz）…振り子「中」の第 2 モード

固有値解析ではこのように、出るはずのないねじれなどのモードを除外する必要があります。

2.8.5 考察

　手回しで滑らかに振動数を上げていくのは困難だったようですが、振動モードの移り変わりは見てもらえたと思います。ソフトでのアニメーションとはだいぶ違う振れを体験していただいたことでしょう。

　実験と固有値解析との比較ですが、振り子「大」の第 1 モードに気がつかれたでしょうか。解析ではもっとも出やすいモードなのですが、実験では見当たりませんでした。第 6 章の手振り共振ではドンピシャで「アハ体験」してもらえたモードなのですが、今回の手回しでは出なかったですね。

　これは実験道具の所為だと考えます。大プーリー1 回転に対して小プーリー 4 回転の設計でした。最初はゆっくり、徐々に速く回転させて下さいとお願いしましたが、大プーリーの 1/4 回転で小プーリーが 1 回転してしまうので、参加者のゆっくりが「大」の第 1 モードにとっては速すぎたらしく、発現する前に回転数が通過してしまったという訳です。たとえ共振点でも持続しないと驚異にはならないという証明でもありました。

　改善点として、ひずみゲージの貼り付け方があります。ひずみ信号を取ろうとしたのはよいのですが、撮影には邪魔でした。ゲージの導線も振り子に貼り付ける必要があるということがわかりました。次の機会に取り入れたいと思います。

第9章　鉄橋模型の打振試験（振動編）

2.9.1　実験の目的

　設備の固有振動数を実測するには、振動試験機に製品をセットして、実際にゆさゆさ揺する方法と、打振試験といって、製品の各部をコーンと叩いて伝達関数を得る方法があります。振動試験機は社内にない場合もあり、おいそれとは使えません。手軽にできるのは打振試験です。

　打振試験の場合、一番使われるのはインパルスハンマーと加速度センサのペアですが、相当高価なものです。私たちはそれをただのハンマーとひずみゲージでやってみようと思います。測定対象は鉄橋模型。第7章の大変形で「ぐにゃ」とやった試験用模型と同じものです。

　鉄橋模型にひずみゲージを貼り、ハンマー代わりの金棒で叩き、映像と動ひずみを取り込みます。動ひずみのデータはCSV（エクセルファイル）に落とすことができます。このCSVファイルをエクセル自体が持っている分析ツールの「フーリエ解析」にかけて固有振動数を見つけ出し（自分でこれとこれだ、と決めつけるのですよ）、CAEソフトの固有値解析と照らし合わせよう、という訳です。

2.9.2　実験に必要な機材・設備とセッティング方法

本実験に使用する機材は次の通りです。

・鉄橋模型
　　第7章の大変形でもお見せしましたが、前にもどって見てもらうのも手間なので、図2.9.1に再掲しました。いまでも何台か手元にあります。

第 2 部　実測と CAE の比較・検証

図 2.9.1　鉄橋模型

・模型取り付け台

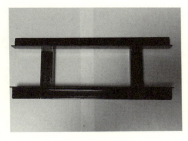

　適当に離した机の間にクランプで固定し、鉄橋模型をぶら下げたり、載せたり、間にしっかり固定したりできるよう、**図 2.9.2** に示すような模型固定台をアングルで作りました。結局乗せるのが作業として一番楽だったので、今回の打振試験も全チームに乗せてもらいました。

図 2.9.2　取付台

・ハンマー

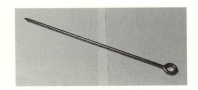

　第 7 章の大変形で体重をかけるのに使った金棒です。**図 2.9.3** に再掲します。これでハンマー代わりに鉄橋模型をたたきます。

図 2.9.3　金棒

・ひずみゲージ

　おなじみのゲージです。鉄橋模型 1 台に 4 枚貼ることにします。

・ゲージアンプ

　4台の教育用ゲージアンプを並べた様子を**図2.9.4**に再掲します。よく見ると A〜E の文字が見えますね。実はアンプは5台所有しています。なぜ4台使用かというと、これはいつでも借りられるデータロガーが4チャンネルだったことによります。5台並べて使ったことは残念ながらありません。

図 2.9.4　ゲージアンプ群

2.9.3　実験開始から終了まで

　今回の参加者は 12 名でした。私が 4 種類の打振がしたかったので、3 人一

第 2 部　実測と CAE の比較・検証

組で作業をしてもらいました。4 種類の打振と言いましたが、私からの希望は、「他のチームとは違う鉄橋模型の乗せ方をしてほしい」ということでした。載せ方はそれぞれのチームにお任せしました。

実験手順を示します。
1)　鉄橋模型の置き方を決定する。
2)　鉄橋模型にひずみゲージを 4 枚貼る。
3)　ひずみゲージにインデックスで番号表示。
4)　鉄橋模型を取り付け台にクランプ固定。
5)　ひずみゲージをアンプに接続。
6)　スタートトリガーで撮影スタンバイ。
7)　金棒で打撃。
8)　振動がだいたい収まったら撮影終了
9)　信号データ 1024 個採集して CVS ファイルへ。
10)　信号データ範囲で画像ファイル作成。
11)　映像確認。
12)　エクセルでフーリエ解析。

少し補足します。
1)　鉄橋模型の置き方
　　　置き方でチームの名称を付けました。それぞれ、後の映像（図）で見てください。
　　　①正置チーム
　　　②逆さしっかりチーム
　　　③逆さぐらぐらチーム
　　　④斜めチーム

2) 3) ひずみゲージに番号

みなさん、実験を重ねるごとにだんだんひずみゲージの貼り方がうまくなりました。ひずみゲージを貼ったすぐそばにインデックスを立てて横から見えるように番号を振りました。これも映像で確認していただきましょう。

4) 鉄橋模型を取り付け台に

模型と台の間をちょっと浮かすため、割り箸の破片をスペーサーとして挟み込み、**図 2.9.5** に示す人間の親指くらいの小クランプで固定しました。この止め方で「しっかり」と「ぐらぐら」の差になりました。

これも映像（図）で見て理解して下さい。クランプの距離が問題です。

図 2.9.5　小クランプ

5) ゲージとアンプ接続

ひずみゲージに①～④、アンプに A～D と振ってあります。①-A のように順番に対応させてつなぎました。

6) 7) 8) 撮影

スタートトリガーで撮影スタンバイ。スタートトリガーというのは金棒で叩いてひずみが急激に発生し始めた瞬間から映像の取り込みを始めることです。打振試験のような、最初が一番大きく、だんだん減衰していく撮影に最適です。

9) 1024 個のデータ

これはエクセルに「フーリエ解析」させるためです。エクセルでの表示は「フーリエ解析」になっていますが、実質は FFT です。「高速・

フーリエ・変換」と呼ぶのが正しいと思います。フーリエ変換については専門書を参考にして下さい。ごく簡単に説明すると、太陽光をプリズムで七色に分解するようなものです。離散化して計算するため、データ数に制限があります。エクセルで使えるのは「512」「1024」「2048」「4096」のような 2^x です。見たい周波数により自分で決める必要があります。私は鉄橋模型に対する打振試験には「1024」個を愛用しています。

叩いてひずみが発生してから 0.001 秒刻みでデータを採り、4 チャンネル分を一つの CSV ファイルにして叩いたご本人に渡しました。

10) 動画ファイル作成

分解写真にすると 1024 枚になります。これを 0.1 秒間隔で再生するとスローの振動が見えます。

11) 映像確認

参加者が私の意図を理解し、チーム同士で違う置き方をし、チーム内でも違う叩き方をしてくれました。12 名全員の叩き画面を紹介します。左半分が画像、右半分がひずみの時間経過です。

一応叩く前にアンプのゼロ点調節（だいたい）をしてもらいました。
①正置チーム

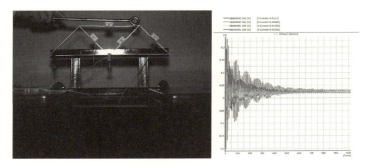

図 2.9.6　A さん

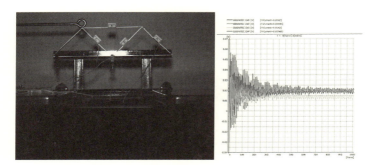

図 2.9.7　B さん

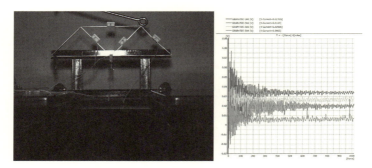

図 2.9.8　C さん（ちと力が余ったか）

第 2 部　実測と CAE の比較・検証

②逆さしっかりチーム

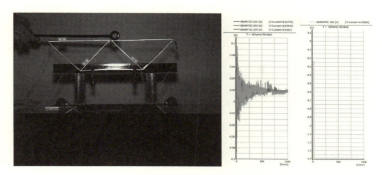

図 2.9.9　D さん

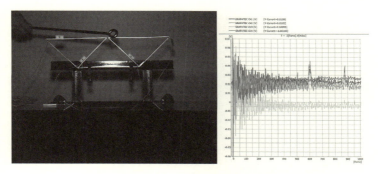

図 2.9.10　E さん（緊張で手が滑った）

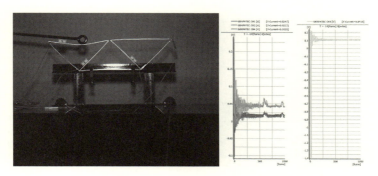

図 2.9.11　F さん（そこはちょっと…）

③逆さぐらぐらチーム

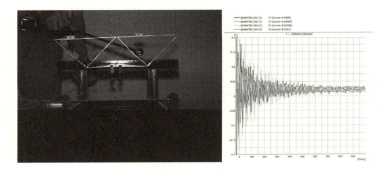

図 2.9.12　Gさん

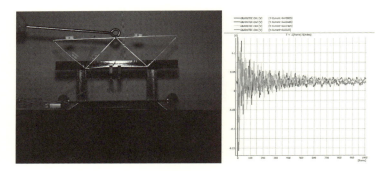

図 2.9.13　Hさん

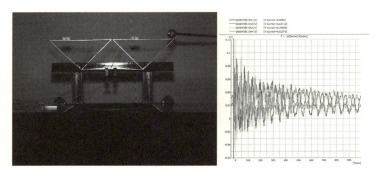

図 2.9.14　Iさん（減衰しないなあ）

第 2 部　実測と CAE の比較・検証

④斜めチーム

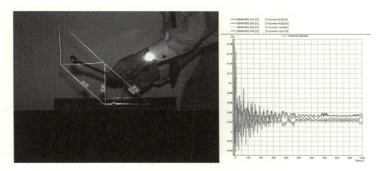

図 2.9.15　J さん

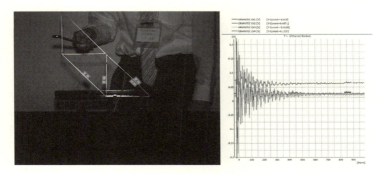

図 2.9.16　K さん

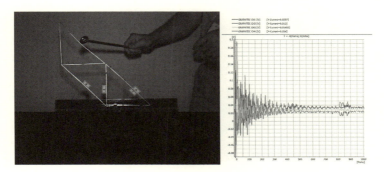

図 2.9.17　L さん

12) フーリエ解析

全員に自分のCSVファイルを使ってフーリエ解析をしていただきました。ここでは4名のデータでの紹介をします。

その前に、私が前もって作っておいた解析シートの紹介をさせてもらいます。

使い方の手順を示します。
(1) 解析シート立ち上げ
(2) CSVファイル立ち上げ
(3) CSVから1024×4チャンネルのデータコピー
(4) 解析シートの同じ場所にペースト
(5) ラベル「FFT4」をクリック
(6) 振動とスペクトルのグラフ確認
(7) 固有振動数の読み取り（これが難しい）

図で示します。

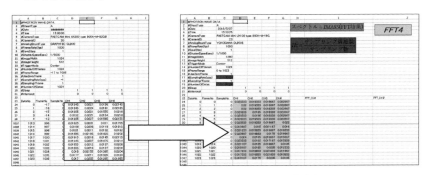

図 2.9.18　CSV　　　　から　　　　図 2.9.19　解析シートへ

図 2.9.20　「FFT4」をクリック（これでマクロが走ります）

第 2 部　実測と CAE の比較・検証

マクロで一気に 4 系列（ひずみゲージ 4 枚分）の処理をします。結果はみなさんあまり好きではない複素数で出力されます。それを関数 IMABS でスペクトルに変換、グラフ化して固有値を探します。

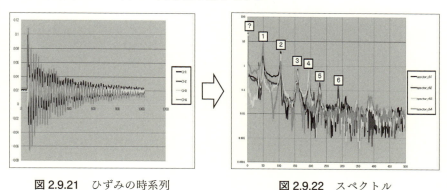

図 2.9.21　ひずみの時系列　　　　　図 2.9.22　スペクトル

フーリエ解析とは、図 2.9.21（横軸時間、縦軸ひずみ値）から図 2.9.22（横軸振動数、縦軸パワー）に変換することです。図 2.9.22 のスペクトルのピークが固有振動数です。この例では「？」は雑音または剛体モード、「1」〜「6」が共振周波数と見做すことができます。どこをピークと見るかは個人差があり、依頼側、解析側、両者で合議、責任者が「これでいこう」と決断することが実務では重要です。

それでは順番に実測ひずみデータを解析していきましょう。
①正置チームから A さんのフーリエ解析

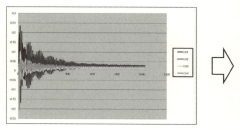 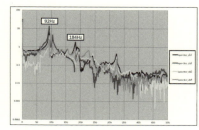

図 2.9.23　ひずみの時系列（A さん）　　　図 2.9.24　スペクトル（A さん）

137

②逆さしっかりチームからEさんのフーリエ解析

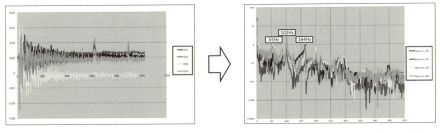

図 2.9.25　ひずみの時系列（Eさん）　　　図 2.9.26　スペクトル（Eさん）

③逆さぐらぐらチームからGさんのフーリエ解析

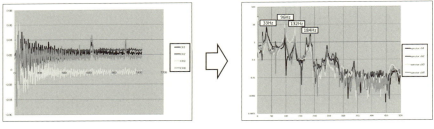

図 2.9.27　ひずみの時系列（Gさん）　　　図 2.9.28　スペクトル（Gさん）

④斜めチームからJさんのフーリエ解析

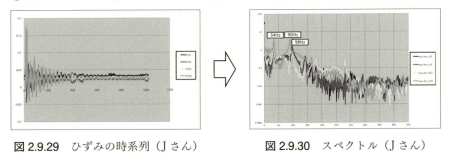

図 2.9.29　ひずみの時系列（Jさん）　　　図 2.9.30　スペクトル（Jさん）

どれがピークか、非常に難しい判断になります。

表 2.9.1 　読み取り固有振動数

① A	92	184		
② E	55	102	164	
③ G	33	96	132	184
④ J	34	90	98	

表2.9.1に読み取った固有振動数をまとめておきました。じっと眺めていると、100Hz付近に全チーム共通の周波数があるような気がします。固有値解析でも出てくるか、やってみましょう。

2.9.4　実験内容のCAE（固有値解析）でのトレース

今回何を比較すればよいのか、悩みました。モード形状は実験では見えません。わかるのは固有振動数の数値だけ。従って、良いか悪いかは別にして計算で出てきた固有値のリストと表2.9.1の読み取り数値を見比べようと思います。

解析手順を示します。
1)　正置解析モデルの読み込み。
2)　モデルの向きを実験に合わせる。
3)　スペーサー（割り箸の破片）の位置合わせ。
4)　解析の種類に固有値を指定。
5)　材料物性に合金鋼を指定。
6)　スペーサーの底面を固定。
7)　メッシュ作成。
8)　計算実行。
9)　固有振動数リストを表示してCSVで保存。
10)　結果表示。

固定の仕方で、実測とCAEの結果が変わるかな？

少し補足します。

1) 2) 3)　解析モデル設定

実は逆さや斜めを予測できず、正置モデルしか作っていませんでした。固有値解析では重力は無視しますから、座標軸さえ気にしなければスペーサーの位置だけ変えれば計算に支障はなかったのですが、参加者のみなさんが気にされたのでインストラクターさんが走り回ってくれました。

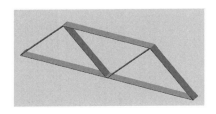

図 2.9.31　正置解析モデル

5)　材料物性

スペーサー（割り箸を折ったもの）も合金鋼としました。木にする必要もないと判断したからです。

6) 7) 8)　拘束、計算

おなじみの手順です。

9)　リスト表示

今回は数値だけ見たかったので、振動モードは表示せず、もちろんアニメーションもなしで、固有振動数リスト表示をしてもらいました。その表を CSV に落として、モード番号と振動数だけの結果表示としました。

10)　結果表示

解析モデルと固有振動数リストをチーム別に示していきます。固定箇所が緑の矢印で示されています。

①正置チーム

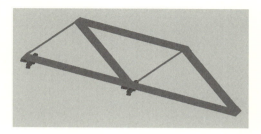

図 2.9.32　①解析モデル

表 2.9.2　①次数と振動数

モード次数	振動数 [Hz]
1	99.262
2	116.24
3	162.61
4	190.08
5	217.12

②逆さしっかりチーム

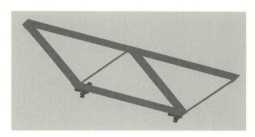

図 2.9.33　②解析モデル

表 2.9.3　②次数と振動数

モード次数	振動数 [Hz]
1	95.535
2	97.022
3	112.58
4	161.58
5	182.52

③逆さぐらぐらチーム

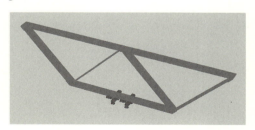

図 2.9.34　③解析モデル

表 2.9.4　③次数と振動数

モード次数	振動数 [Hz]
1	18.872
2	19.747
3	36.045
4	104.83
5	144.45

④斜めチーム

図 2.9.35 ④解析モデル

表 2.9.5　④次数と振動数

モード次数	振動数 [Hz]
1	41.795
2	76.354
3	101.04
4	110.49
5	170.48

2.9.5　考察

表 2.9.6 に固有値解析とフーリエ解析の結果を一覧表にしました。数字だけ追いかけて、対応していると思われる箇所に斜線を付けました。

みなさんの判断はどうでしょうか。

表 2.9.6　固有値解析とフーリエ解析の比較

固有値解析の振動数 [Hz]				
モード次数	①チーム	②チーム	③チーム	④チーム
1	99.3	95.5	18.9	41.8
2	116.2	97.0	19.7	76.4
3	162.6	112.6	36.0	101.0
4	190.1	161.6	104.8	110.5
5	217.1	182.5	144.5	170.5

フーリエ解析からの読み取り			
① A	② E	③ G	④ J
92	55	33	34
184	102	96	90
	164	132	98
		184	

第 2 部　実測と CAE の比較・検証

　本当はここから、実験と CAE の互いに相手の情報を睨んでの検討が始まるのです。表 2.9.6 を眺める限り、どことなくうまく計測できているような気もしますが、「これだ」と断定できるほどのものでもありません。実験だから正しいとは言えない。叩き方を見ていただいたのでわかると思います。またフーリエ解析の結果からピークを見いだすのも難しかったでしょう。CAE で難しいのは固定条件です。実験でのクランプ固定は単なる固定拘束ではダメかもしれません。スペーサーの位置も結構大きな影響力を持ちます。

　どちらにも不確定要素がある訳で、実験方法と CAE 設定による結果の比較が両方のレベルアップになり、長年の積み重ねがノウハウとして残ると私は信じています。

ちょっとした固定の仕方の違いで、CAE ではとらえられなかった実験結果が出たと思います。
"実" 現象を "測(み)" て学習することが、CAE の計算精度を向上することになるのです。

第10章　これまでの総括と、実測・CAE のワンポイントアドバイス

第1～9章で、私がこれまで実施してきた「実験とCAE」の中から代表的なところを紹介しました。すべて全員参加型の試みでした。

簡単に振り返りましょう。

第1章　木製梁のたわみ

　　柔らかいバルサ材に参加者一人ひとりの自力で荷重をかけ、その変形もしくは折れ具合を見ました。実験での固定と解析での支持の難しさを実感していただきました。

第2章　金属棒の熱伝導

　　金属棒にロウでマッチ棒を立て、端をアルコールランプで熱し、マッチ棒が倒れていくのを目で見、かつサーモグラフィーで温度変化を見ていただきました。実際の伝熱速度（遅さ）を嫌と言うほど体感できたことでしょう。

第3章　空気の自然対流

　　自作の発煙器（はんだごてをばらして取り出したヒーターと抹香使用）の上に実験風洞を立て、ヒーターの温度で上昇する煙の動きを見ていただきました。煙の動きを邪魔する棒の設置を参加者各自でやってもらいました。

第4章　空気の強制対流

　　実験風洞を横置きにし、発煙器から出る煙をファンで吸引して、定常流に乗って走る煙を見ていただきました。ドライアイスを使ったこともあります。この時も邪魔棒の設置は参加者にお願いしました。必ず他人と違うように、という条件付きでした。流速を調節するためのファンと風洞の位置決め台は

第 2 部　実測と CAE の比較・検証

私の手作りでした。

第 5 章　水の強制流
　　クッキーの空き缶に木製のブロック、水中モーターで曲がりくねった水流を作り、水面に浮遊物（ほとんどゴミ）を浮かべて流れの可視化に挑戦しましたが、思惑通りにはいきませんでした。しかし、沈んだゴミが流速ゼロ付近を示してくれました。

第 6 章　手振りによる共振の体感
　　ほぼ 1Hz の振り子を自分の手で振っていただき、共振の瞬間を「アハ体験」してもらいました。この手振り振動台は私の手作りでした。

第 7 章　鉄橋模型の大変形
　　鉄橋模型を「ぐにゃ」と潰してもらい、その時のひずみの動きを見てもらいました。模型の支持の仕方で変形がまったく違ったのは、ちょっとした驚きでした。静解析でも変形方向はトレースできたので、偶然ではないという証明はできたと思います。ただ、これほど腕力の必要だった実験は、後にも先にもありません。

第 8 章　手回しによる振動モードの変遷
　　大小のプーリーを O リングでつなぎ、その回転運動を振幅一定の往復運動にして 3 連振り子を自力で振っていただきました。町工場（まちこうば）の社長との設計メモも紹介しました。固有値解析では一番出やすいモードだった「大」振り子の第 1 モードが実験では出ないという面白い現象が経験できました。

第 9 章　鉄橋模型の打振試験
　　模型をハンマー代わりの金棒で叩いて得たひずみ信号の時系列を、エクセ

ルでフーリエ解析し、固有振動数のピークを見つけていただきました。固有値解析との比較は難しかったと思います。一見周波数応答ができたようですが、叩いたのが金棒だったので応答倍率にはなりません。周波数応答にしたかったらインパルスハンマーが不可欠です。
　ひずみゲージアンプの固定に私の手作りのアンプ固定板が活躍しました。

その他にもいくつか、「実験とCAE」を実施しています。残っている資料から少し紹介しますので、参考にしてください。

・パスタブリッジの強度コンペ
　パスタ100gと瞬間接着剤1本で、40cm離した机に橋を架けていただきました。予期せぬ強さの橋を作ったチームがあり、潰すのに苦労しました。同時進行の講習会に参加していた人たちが見にきてくれて、大盛況でしたが、実験に時間がかかり、冷や汗ものでした。
　この時の指標が
　　　強度指数＝（つぶれた荷重）／（パスタ橋の重量）
でした。この数値の大きかったチームを表彰しました。

・衝突
　軟式のテニスボールをぶつけました。一つを床に置き、もう一つを天井から落下させました。何度も繰り返し、うまく当たったときは拍手大喝采でした。解析は難しかったです。

第 2 部　実測と CAE の比較・検証

 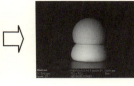 

・応力の可視化

　L 型鉄板を金棒でコンと叩いたときの応力分布をその場で見せていただきました。おそらくミーゼス応力に相当するコンタ図だと思います。リアルタイムではなかったですが、相当短時間で処理していただきました。無理な注文を聞いていただいた協力会社様にここで御礼申し上げます。

・主応力の測定

　ロゼットゲージを貼り、荷重箇所を変え、その時の 3 ひずみから主応力の向きを算出しました。一枚のゲージにアンプが 3 台必要でした。

・実験モーダル解析

　加速度センサーを一つ、一番揺れそうな箇所に貼り付け、前もって決めておいた点をインパルスハンマーで叩いて伝達関数を採取します。参加人数分の打点を登録しておいて

147

ただきました。一人ずつインパルスハンマーで3回叩くモーダル実験の体験です。図はわざわざこの実験のためにつくっていただいた対象物です。御礼申し上げます。実物が私の手元にないのが残念です。

　叩いたとき、対象物は見た目ではびくともしませんでしたが、採取した十数個の伝達関数を特殊なソフトで統合し、固有振動数と共振モードを表示してもらいました。ハンマーの扱いも結構難しかったです。

・2 流体混合

　水の入ったビーカーにスターラーで渦を作り、安定してから蜂蜜を流し込みました。できていた渦が蜂蜜を流し込んだとたん切れぎれになりました。解析での再現は難しかったです。

いろんな実験をして、CAEと比較してみてください。

　以上、本誌で詳しく紹介した実験に加えて、過去に実施した実験も簡単に紹介しました。

　実験といい、計測といい、実際に自分の手で作業するのは非常に大変だということをわかっていただく、それが「実験とCAE」の主目的です。もう一つの目的は、実現象の体感です。その上でのCAE解析でなければならない、というのが私の持論です。CAEも実は実験だと私は思っています。言い換えれば、リアルな実験とバーチャルな実験です。

- 見たいことが的確に出る実験
- 知りたいことが的確に出る解析

　読者のみなさんにも CAE 懇話会「実験と CAE」に参加していただき、ぜひとも両方を体得して、ご自分のレベルアップにつなげていただけたら幸甚です。

おわりに

　私が行いたい実験を参加者のみなさんに実施いただくという、いわば私の趣味を押しつけた形の「実験とCAE」の体験でしたが、参加して下さった方には相当満足してもらったようです。「手作業があるため、講義のように途中で眠くならないのがいい」という不届きな参加者もいましたが…。
　正直、準備は結構大変でした。テーマを決めてから実験道具を考えるのですが、そのものずばりの道具が売ってあるわけはありません。ラフスケッチ片手に私がうろつくのは、

- 日曜大工センター
- 百均スーパー
- おもちゃ売り場
- ネットショップ

です。イメージ通りの部品を見つけたときはガッツポーズ。でもそれは稀です。大抵は使えそうな部品をメモして帰り、ラフスケッチを書き直し、また、上記の場所をうろつく。その繰り返しの中で、ネット以外の各売り場の配置をすっ

おわりに

かり覚えてしまいました。

そうするとテーマが決まっていない時でも、この部品を使えばあのテーマに、これとこれの部品を組み合わせばあの実験道具が改造できる、等々いろいろ閃くようになりました。私自身ではとても作れないモノでも、知り合いの町工場のみなさんが喜んで作ってくれるのもありがたいことでした。そこの若い従業員さんが私からの発注を楽しみにしていると聞いて、うれしかったな。注文を受けた治具をどのように作るか、悩むのが楽しいと言っていました。

「実験とCAE」の根幹である、「高速度カメラ」と「4チャンネルのデータロガー」、「解析ソフト」と「ノートパソコン」が、日程さえ合えばいつでも借用できるというのも非常にありがたかったです。

いろんなみなさまの協力を得て実施してきた「実験とCAE」ですが、まだまだやってみたい実験があります。以前実施した実験でも、手を変え、品を変えて再実施したいものもあります。実験道具もだいぶん溜まりました。これら道具を組み合わせると、また違った実験ができると思います。

新しいテーマ、新しい実験道具に挑戦しつつ、既存の道具も活用して、今後もNPO法人CAE懇話会主催の「実験とCAE」の体験セミナーを企画していくつもりです。

最後までこの本を読んで下さった皆様、CAEソフトの結果判断に迷ったときは、ぜひとも工夫して実験して下さい。少なからずこの本が参考になると自負しています。パソコン画面を眺めているだけでは結論は出ませんよ。もし工夫に困ったら「実験とCAE」セミナーに来ていただき、私の苦心の実験道具に触れてみて下さい。

多くの方のご参加を期待(お願い)しながら、筆を置きます。

2017年11月25日
すっかり寒くなりパソコンがストーブ替わりの書斎にて

吉田　豊

参 考 文 献

[1] 材料強度学　日本材料学会（昭和 61）
[2] 機械実用便覧（改訂第 6 版）　日本機械学会（1990）
[3] 熱の流れ　八田夏夫　著　森北出版（1997）
[4] 新版 流れの可視化ハンドブック　流れの可視化学会　朝倉書店（1986）

索　引
(五十音順)

あ　行

圧力境界 …………………………… 79
アニメーション …………………… 97
アルコールランプ ………………… 25
アンプ ……………………… 90, 103
イタレーション …… 48, 49, 50, 51, 53,
　　　　　　　　　　　65, 71, 81
インパルスハンマー …… 126, 146, 147
ウィザード ………………… 49, 80
エクセル ………… 27, 28, 126, 129, 145
エンドトリガー …………… 43, 76
応力 …………………………… 2, 6, 147
応力分布 …………………………… 147
置き針付きバネ秤 ……………… 7, 21
温度固定 …………………………… 35
温度分布 …………………………… 37

か　行

解析 …… 16, 19, 20, 50, 52, 53, 54, 67, 68,
　　　　69, 70, 82, 83, 84, 85, 95, 112,
　　　　113, 125, 137, 138, 144, 148
解析者 …………………………… 53
解析条件 …………………… 14, 21, 36
解析モデル …………… 54, 122, 140
回転拘束 …………………………… 18
拡大率 …………………………… 20
可視化 ………… 27, 38, 72, 86, 145, 147
可視化媒体 …………………………… 72
荷重条件 …………………… 14, 108
荷重点 …………………………… 11, 20
加速度センサ ……………… 126, 147

勘 …………………………… 4, 72
慣性 …………………………… 12, 20
完全拘束 …………………………… 11
完全固定 …………………… 110, 122
機械工学 …………………………… 2
機械力学 …………………………… 2
境界条件 ………………… 54, 64, 65
共振 ……………… 2, 92, 93, 97, 118, 145
共振現象 …………………………… 98
共振点 …………………………… 125
共振モード …………………… 2, 148
強制対流 …… 2, 38, 55, 64, 65, 71, 72, 144
強制変位 …………………………… 18
強度指数 …………………………… 146
経験 …………………………… 4
計算ステップ …………………… 34
計測 …………………………… 148
ゲージ …………………………… 117
ゲージアンプ ………… 89, 100, 116, 128
検証 …………………………… 21, 113
減衰 …………………………… 130
構造解析 …………………… 2, 6, 13
拘束 …………………………… 140
高速・フーリエ・変換 …………… 130
拘束条件 …… 14, 16, 34, 35, 95, 108, 122
降伏応力 …………………………… 13, 99
誤差 …………………………… 113
固定 …………………………… 17, 19, 144
固定条件 ………………… 124, 143
固定端 …………………………… 9
固定点 …………………………… 11, 20

153

固有振動数 ……87, 96, 97, 98, 114, 126,
　　　　　　　136, 137, 139, 146, 148
固有値……………………………………96
固有値解析 …………2, 95, 96, 97, 98, 114,
　　　　　　　121, 124, 125, 126,
　　　　　　　139, 140, 142, 145
固有値解析指定 ………………………122
固有値数 ………………………………123
コンタ図 …………………………49, 66

さ 行

サーモグラフィー …………24, 27, 29, 30
材料データベース ……………………14
材料物性 …………14, 95, 122, 139, 140
材料力学 …………………………………2, 6
時間刻み …………………………………34
支持 ……………11, 12, 16, 17, 18, 19, 144
支持端 ……………………………………9
支持点 ………………………………11, 20
地震波 …………………………………87
自然対流 ………2, 38, 42, 44, 45, 46, 47, 48,
　　　　　　　49, 50, 53, 54, 55, 56,
　　　　　　　59, 64, 65, 71, 72, 144
実験 …2, 3, 4, 6, 7, 8, 9, 10, 11, 12, 13, 14,
　　　15, 16, 17, 18, 19, 20, 21, 22, 23,
　　　24, 25, 26, 27, 28, 29, 30, 34, 37,
　　　38, 39, 40, 41, 42, 43, 44, 45, 46,
　　　47, 48, 49, 50, 52, 53, 54, 55, 56,
　　　57, 58, 59, 60, 61, 62, 63, 64, 65,
　　　66, 67, 68, 71, 72, 73, 74, 75, 76,
　　　77, 78, 80, 81, 83, 85, 86, 87, 88,
　　　89, 90, 91, 92, 93, 94, 95, 97, 98,
　　　99, 100, 101, 105, 106, 107, 113,
　　　125, 126, 143, 144, 145, 146, 148
実験誤差 …………………………………37
実現象 ……………………………………37
実験条件 …………………………………21

実験モーダル解析 ……………………147
実測 ………………………………………2
実測値 …………………………………22
邪魔棒 ……………………………39, 55
自由界面 …………………………72, 81, 86
収束条件 …………………………………50
収束判定 …………………49, 65, 71, 81
収束判定条件 …………………………64, 79
自由端 ……………………………………12
周波数応答 ……………………………146
周波数応答解析 …………………………2
重力 ………………………………48, 71, 140
主応力 …………………………………147
条件設定 …………………………………65
衝突 ……………………………………146
初期条件 …………………………………34
振動 ……………………………………136
振動試験機 ……………………………126
振動台 ……………………………………88
振動モード ………97, 114, 125, 140, 145
水中モーター ……73, 74, 75, 76, 79, 86, 145
スタートトリガー ………………129, 130
スペクトル …………………………136, 137
滑り ………………………………………18
静解析 ……………………………112, 145
設計者 ……………………………………53
設計メモ ………………………………115
接触 ………………………………110, 112
接触条件 ………………………………108
接触設定 ………………………………111
接線係数 …………………………………99
旋回流 ……………………………………55
線形解析 …………………………99, 100
線形構造解析 …………………………50
線形静解析
　　……9, 10, 13, 14, 21, 107, 108, 109, 113
層流 ……………………………………50, 79

索 引

速度境界 ……………………………… 79
速度分布 …………………………… 51, 53

た 行

対称拘束 ……………………………… 108
対称条件 ……………………………… 108
対称設定 ……………………………… 109
対称モデル …………………………… 108
耐震設計 …………………………… 87, 98
大変形 ……………… 2, 14, 107, 113, 145
対流伝熱 ……………………………… 23
打振 ……………………………… 128, 129
打振試験 …… 2, 126, 127, 130, 131, 145
たわみ ……………………………… 2, 144
断熱状態 ……………………………… 28
断面二次モーメント …………… 6, 8, 22
中央荷重 ……………………………… 16
定常解析 ……………… 38, 48, 64, 72
定常状態 …………………………… 58, 71
定常流 ………………………………… 144
定常流体解析 ………………… 44, 53, 55
データロガー ……………… 90, 103, 128
テトラメッシュ ……………………… 35
デフォルト …………………………… 123
デフォルメ …………………………… 14
手振り ………………………………… 95
手回し振動台 ………………………… 114
伝達関数 …………………… 126, 147, 148
伝導伝熱 ………………………… 23, 24
伝熱解析 ……………………………… 37
伝熱計算 ……………………………… 28
伝熱実験 ……………………………… 27
伝熱性 …………………………… 24, 33
動解析 …………………………… 97, 98
トレース ……………… 2, 3, 13, 34, 48, 64,
79, 95, 107, 121, 139

な 行

熱 …………………………………… 2, 23
熱移動 ………………………………… 23
熱画像 ……………… 23, 27, 30, 31, 37
熱線流速計 …………………………… 65
熱伝導 ………………………………… 144
熱伝導解析 …………………………… 2
熱伝導度 ………………………… 24, 35
熱力学 ………………………………… 2

は 行

ハーフモデル ……………………… 108, 113
パスタブリッジ ……………………… 146
発煙器 ……………………………… 40, 56
発散回避 ………………………… 108, 110
梁 ………………………………… 9, 12, 14
判断力 ………………………………… 71
比較・検証 …………………………… 3
微小変形 ………………………… 15, 111
ひずみ ………………………………… 6
ひずみゲージ ……… 89, 90, 100, 101, 102,
103, 116, 117, 118, 119,
120, 125, 127, 129, 130
ひずみゲージアンプ ………………… 146
ひずみ測定 …………………………… 21
非線形解析 …………………………… 99
引っ張り試験 …………………… 13, 99
非定常 ………………………………… 48
非定常解析 …………………………… 35
非定常熱伝導解析 …………………… 34
ビデオ撮影 …………………………… 3
比熱 …………………………………… 35
評価 …………………………… 14, 16
評価対象 ……………………………… 9
評価ポイント ………………………… 21
ファン ………………… 55, 57, 58, 64, 144

風洞 ·······39, 41, 42, 43, 55, 56, 57, 58, 144
フーリエ解析
　　···126, 129, 130, 136, 137, 142, 143, 146
輻射伝熱 ································· 23
物性 ····································· 36
分析ツール ····························· 126
閉空間 ································· 48
平行移動拘束 ··························· 18
ベクトル図 ························ 49, 66
変位 ····································· 6
変形形状 ······························ 22
変形モード ···························· 96
ポアソン比 ························ 13, 14
放射率 ································· 29

ま 行

マクロ ································ 137
曲げ ····································· 6
摩擦 ······························· 14, 18
抹香 ···················· 42, 43, 49, 55, 57, 58
ミーゼス応力 ························· 16
密度 ··································· 35
メッシャー ···························· 49
メッシュ ············· 14, 15, 34, 48, 49, 64,
　　　　　　　　　　65, 79, 81, 95, 96, 108,
　　　　　　　　　　111, 122, 123, 139
モード形状 ··························· 139

や 行

ヤング率 ·························· 13, 99
有限差分法 ···························· 27
有限要素法 ························ 14, 15
有限要素法解析 ························ 13
要因 ······························· 21, 37
陽解法 ································· 27

ら 行

ラボジャッキ ······················ 25, 30
乱流 ···································· 50
リスト ································ 140
流出条件 ······························· 80
流速分布 ·························· 49, 66
流体 ··························· 48, 49, 64, 79
流体解析 ················· 2, 38, 39, 49, 50
流体混合 ······························ 148
流体力学 ································ 2
流入条件 ······························· 80
両端支持 ······················· 10, 12, 16
ロゼットゲージ ······················ 147
ワンクリック ························· 15

欧 数

CAE ······························· 2, 143
CAE 解析 ···························· 148
CAE 懇話会 ·············· 4, 15, 16, 71
FFT ·································· 130

〈著者略歴〉

著者：吉田　豊

　1950年7月生まれ。滋賀県出身。

　1974年4月蓄電池メーカーに入社。鉛蓄電池の設計部門と研究部門を行ったり来たりしている間にパソコンが普及、業務の中に自作プログラムを取り入れる。「あいつ、パソコン得意や」ということで、有限要素法ソフト及び2次元CADの導入を任される。その後全部門からの依頼を受けるよう、CAEグループを新設。受託する際のフェイスtoフェイスの聞き取りを重要視する。当初4名だったグループも現在では十数名になっている。「構造」「振動」「流体」「熱」「衝撃」「鋳造」等、社内で起きる諸現象に対応すべく、相当数のCAEソフトを導入した。「3D–CAD」「統計解析」の導入・教育にも携わってきた。

　2015年7月蓄電池メーカー退社。

　2015年8月オフィスYYL起業、現在に至る。

　蓄電池メーカー在職中から、まだNPO法人になる前のCAE懇話会に発足当時から関わり、いつのまにか幹事の末席に。ぽろっと提案した「実験とCAE」が半ばライフワークとなっている。

編者：岡田　浩

　1965年生まれ　福岡県出身。技術士（機械部門）。

　1991年に電機メーカーに入社。金属・樹脂材料の加工の影響を考慮した強度・疲労寿命予測、電子機器の放熱対策などに取り組むとともに、構造・熱・樹脂流動CAEの社内外の教育・推進に従事した。現在は、「金属・樹脂製品の加工法の研究・開発」「CAEを用いた設計・生産工程革新活動」に従事している。

　社外では、NPO法人CAE懇話会の関西支部幹事などでCAE推進活動にも携わっている。

　著書に『設計検討って、どないすんねん！』、『塾長秘伝　有限要素法の学び方！』（共著：日刊工業新聞社刊）、『解析塾秘伝　CAEを使いこなすために必要な基礎工学！』（著：日刊工業新聞社刊）がある。

〈解析塾秘伝〉 実測との比較で学ぶ! CAE の正しい使い方
──機械工学の実験で検証する CAE の設定・評価テクニック──　　NDC 501.34

2018 年 2 月 23 日　初版 1 刷発行

(定価は、カバーに表示してあります)

　　　　　　 ©　著　者　吉　田　　　豊
　　　　　　　　編　者　岡　田　　　浩
　　　　　　　　監修者　NPO 法人 CAE 懇話会
　　　　　　　　　　　　解析塾テキスト編集グループ
　　　　　　　　発行者　井　水　治　博
　　　　　　　　発行所　日刊工業新聞社
　　　　　　　　　　　　東京都中央区日本橋小網町 14-1
　　　　　　　　　　　　（郵便番号　103-8548）
　　　　　　　　　　　　電話　書籍編集部　03-5644-7490
　　　　　　　　　　　　　　　販売・管理部　03-5644-7410
　　　　　　　　　　　　　　　FAX　03-5644-7400
　　　　　　　　　　　　振替口座　00190-2-186076
　　　　　　　　　　　　URL　http://pub.nikkan.co.jp/
　　　　　　　　　　　　e-mail　info@media.nikkan.co.jp

　　　　　　　　　　　　印刷・製本　美研プリンティング

落丁・乱丁本はお取り替えいたします。　　2018 Printed in Japan
ISBN 978-4-526-07798-2

本書の無断複写は、著作権法上での例外を除き、禁じられています。